湛庐CHEERS

与最聪明的人共同进化

HERE COMES EVERYBODY

哪些神经科学新发现即将改变世界

[美] 盖瑞 · 马库斯　杰里米 · 弗里曼　编著
Gary Marcus　Jeremy Freeman
黄珏苹　译

THE FUTURE OF THE BRAIN

四川科学技术出版社

迎接大脑的 3 个挑战

在神经科学的历史上，没有出现过比现在更令人激动的时刻了。尽管两个世纪前神经科学便诞生了，具体可以追溯到一次爆炸导致铁棍穿过了菲尼亚斯·盖奇（Phineas Gage）的左侧大脑额叶，但神经科学在很多方面的发展一直比较缓慢。如今，神经科学领域汇集了许多案例，但仍缺少某个贯穿整体的理论。我们已经在神经科学方面取得了很多进步，但也还有更多的未知领域等待我们去探索。而今，新技术的聚合为我们的探索提供了技术支撑。本书将对这些新技术进行介绍。

毫无疑问，人类从远古时代起就一直在进步，常常将非常简陋的工具利用到极致。19 世纪中期，保罗·布罗卡（Paul Broca）通过遗体解剖第一次窥探到了语言的基础，这一契机起源于该遗体的主人由于大脑特定皮层受损而失去了语言功能。19 世纪末时，卡米洛·高尔基（Camillo Golgi）发现用硝酸银对神经元染色后，可以在显微镜下看到神经元。圣地亚哥·拉蒙－卡哈尔（Santiago Ramón y Cajal）运用这项技术对神经元的结构与功能做出了具有预见性的描述。1909年，杰出的眼科医生井上达二（Tatsuji Inouye）开始绘制大脑的功能地图。通过系统研究俄日战争中的枪伤患者，他发现大脑视皮层的创伤会损害患者的视力，而且特定位置的创伤会影响患者特定视野区域的视觉。

在20世纪后期，非创伤性大脑成像技术，比如功能性磁共振成像（fMRI）开始出现。尽管这类技术非常有用，但当时的非创伤性大脑成像技术就像模糊的显微镜，它们在时间和空间上淡化了神经活动的细节。从根本上说，功能性磁共振成像的结果就像一张做了马赛克处理的高分辨率照片。

研究非人类的动物，我们可以采用创伤性大脑成像技术。直到最近，神经科学研究的黄金标准一直都是“记录单个神经元”，也就是用很细的电极监控与神经元放电有关的电活动。动作电位是大脑中的电流，科学家从对它们的直接测量中得到了许多重要的发现，比如大卫·休伯尔（David Hubel）和托斯滕·威塞尔（Torsten Weisel）发现，视皮层中的神经元对特定的视觉特征具有选择性。然而，一次只观察一个神经元难以达到管中窥豹的效果。神经科学家拉斐尔·尤斯特（Rafael Yuste）将这比喻为：“通过观看单个像素块来理解一档电视节目。”

当我们写这本书时，神经科学经历了一场革命。2005年出现的光遗传学技术使得被测试的神经元在活跃的时候能够发亮。我们也可以通过激光激活或抑制神经元，而多电极记录技术的应用使得我们终于可以同时记录成百上千个神经元的活动。新型显微镜能够让我们记录下透明活体鱼的几乎每个神经元的活动。这让我们有史以来首次有望从基本构成的层面上观察到大脑。

然而，三个基本事实使得厘清大脑比弄懂其他生物系统更难。第一，神经元的数量庞大。即使在苍蝇或幼小斑马鱼的大脑中也存在着 10 万个神经元。人类大脑中的神经元数量约 860 亿个。除此之外，“神经元”这个词会让人以为大脑细胞只有一种，但其实它们的种类达到了几百甚至更多。每一种神经元都具有独特的物理特性、电特征，很可能还有着独特的计算功能。第二，我们还没有发现支配大脑这个复杂神经系统的组织原则。例如，我们不知道大脑是否会运用像计算机普遍使用的美国信息交换标准代码（ASCII）这样系统化的编码方法来编码词句。对于大脑如何储存记忆和排序，我们缺乏可靠的知识基础。第三，许多人类特有的行为，比如说话、推理和形成复杂的文化等，没有类似的简单动物模型可供研究。

奥巴马的大脑计划、欧洲人类大脑工程以及其他相关的亚洲大规模计划，旨在解决大脑研究中的一些难题。我们可以合理地期待，未来 10 年将会出现大量新数据，它们的精细程度前所未有。当然，这些数据来自动物，也有一些来自人类。不过，这些新数据也将引发新的问题。比如，研究者怎么才能使用如此大量的数据？我们又将如何推导出一般原理呢？

就此而言，收集的这些数据是否足够多？我们如何将数据分析的规模扩大到太字节？如何搭建起数据和深刻发现之间的桥梁？我们认为，科学家必须找出主要的关注点。大脑不是笔记本电脑，但我们可以假设它是某种类型的信息处理器，从周边世界获取并输入信息，然后将信息转化为大脑可以接收的模式，转化为对大脑运动系统的指令，以此控制我们的身体与声音。尽管许多神经科学家想当然地认为大脑的主要加工过程是某种形式的计算，但所有的神经科学家都赞同，我们尚未发现神经计算最基本的特性。我们希望神经计算能够为描述大脑活动提供统一的语言，尤其是当理论科学家和实验科学家的研究越来越靠拢时。

大脑结构错综复杂，我们无法保证人类很快就能搞清楚大脑，但我们有理由满怀希望。这本由神经科学领域先锋的智慧汇集而成的书代表了目前最有可能的猜测。它预测了神经科学未来的发展，告诉我们可能有什么发现以及如何去发现。

本书也承认，在前进的道路上，我们可能会踌躇不前，也可能会跌跌撞撞。即使这本书能够为读者指引神经科学的未来，它也不是能准确预测未来的水晶球，它更像是一个时间胶囊。对科学家、政策制定者和大众来说，10 年之后再来回顾这些文章会是很有趣的事情，正如一位同侪所说："届时可以重新评估这些科学主张、科学抱负，以及研究方法，据此调整下一代神经科学家努力的目标。"我们对此无比赞同。

盖瑞·马库斯

杰里米·弗里曼

THE
FUTURE
OF THE
BRAIN

目录

主题 1 绘制大脑地图

主题 2 计算

主题 3 模拟大脑

主题 4 语言

主题 5 保持怀疑

主题 6 重要影响

测一测　关于神经科学及其日常应用，你了解多少？

1. 人类高超的认知能力来自哪里？

A. 前额叶

B. 海马

C. 神经元

D. 大脑中相互连接的网络

2. 大脑哪些部位受损，会引起语言和言语障碍？

A. 顶叶

B. 左侧前额叶

C. 角回

D. 布罗卡区

3. 神经纳米机器人技术可以治疗哪些疾病？

A. 阿尔茨海默病

B. 帕金森病

C. 癫痫

D. 精神分裂症

4. 最早且迄今应用最广泛的可穿戴临床神经接口是什么？

A. 人工视网膜

B. 光幻视

C. 海马神经芯片

D. 人工耳蜗

扫描获取答案，
进入神经科学探索之旅。

主题 1

绘制大脑地图

Mapping the Brain

在神经科学领域，绘制大脑地图意味着要搞明白两件事：一是大脑中有无数的连接，绘制大脑地图相当于绘制出一张包含美国所有街道和建筑的地图；二是大脑中所有的“交通”，也就是发生在这些神经通路中的神经活动。“连接组”就像高速公路地图，“活动地图”记录的则是大脑发出指令时的交通状况。像谷歌地图展现各种地标一样，我们最终需要许多“层级”的信息来展现大脑皮层的褶皱，标注大脑中近 1 000 种神经元的类别，以及神经元进行特定行为时的神经通路。

主题 1 会告诉我们当前最前沿的技术以及未来可能的技术发展，这些技术有助于我们绘制出尽可能多的大脑区域。大多数复杂的有机体至少拥有几十万个神经元，有些甚至拥有几百万、几十亿个神经元。几十年来，神经科学家一次只能记录几个神经元的活动，然后根据不完整的测量数据推测大脑这个复杂系统的情况。

迈克·霍利茨描述了大脑解剖学的历史：从圣地亚哥·拉蒙-卡哈尔最早绘制出神经回路图，到现代科学家从细胞层面绘制出整个大脑的高分辨率解剖地图并对它做出注释。米沙·阿伦斯描述了一种利用光片照明显微镜来观察神经活动的方法，这种方法使得研究者可以观察透明的斑马鱼的整个大脑，甚至观察大脑功能无损伤的动物进行特定行为时的神经活动。克里斯托弗·科赫描述了将解剖学方法、电生理学方法和光学方法等各种新兴方法聚集起来使用的过程，这使得我们有可能了解小鼠视皮层中一大片区域的神经活动。安东尼·扎多尔和乔治·丘奇进一步探究了神经科学的未来，展现了描述神经解剖结构，尤其是描述神经连接的新颖方法。这些新方法运用遗传技术间接地通过 DNA（脱氧核糖核酸）序列对神经连接的信息进行了编码。乔治·丘奇探讨了如何扩展这些方法，以便记录更大范围的神经元放电，这是如今的光学方法和电生理学方法做不到的。

01 建立大脑图谱

迈克·霍利茨（Mike Hawrylycz）
美国西雅图艾伦脑科学研究所著名科学家
金·丹格（Chinh Dang）、克里斯托弗·科赫（Christof Koch）、
曾红葵（Hongkui Zeng）合著

大脑图谱简史

有关人类解剖学的最早记载来自公元前 200 年左右的希腊医生克劳迪亚斯·盖伦（Claudius Galen）。他写的文集在整个中世纪的医学领域都占据着主导地位，直到意大利帕多瓦的解剖学家安德烈亚斯·维萨里（Andreas Vesalius）的经典著作《人体的构造》（*De humani corporis fabrica*）问世（见图 1-1）。维萨里被称作现代解剖学之父。即使在今天，维萨里绘制的大部分解剖图依然是准确的，令人惊叹。近两个世纪以来，学者们认识到大脑是一个独立的部分，所有哺乳动物都拥有这种组织结构。但是理解大脑神经系统的结构与功能依然是神经科学的一大难题。为了分析并记录自己的发现，神经解剖学家们绘制了大脑图谱。

我们对大脑功能整合方式的理解如今还不全面。这并非研究者不够努力，而是因为神经结构极其复杂，并且它们之间还相互连接。圣地亚哥·拉蒙－卡哈尔为神经科学奠定了基础。他绘制并区分出了许多种类的神经元，推测大脑是由独立神经元相互连接形成的网络，而不是由无数神经元相互融合而成的一个网状结构。虽然大脑组织只是半透明的，在神经元层面的分辨率不高，但弗朗茨·尼斯尔（Franz Nissl）发现的某种组织染色素能把细胞核中带负电子的 RNA（核糖核酸）染成蓝色或其他颜色，这被称为尼氏

染色法。德国神经科学家科比尼安·布罗德曼（Korbinian Brodmann）基于细胞结构的组织，利用这种染色方法确定了大脑皮层的43个区域（见图1-2）。这些成果如今依然指引着人类对大脑皮层不同区域功能的研究。布罗德曼、康斯坦丁·冯·艾克诺默（Constantin von Economo）、玛尔特·沃格特（Marthe Vogt）及其他研究者一起，通过辛苦地目测和描绘少数几种可观察的细胞特征，比如描绘细胞的形状、密度、填充物等，开创性地绘制出了人类大脑皮层的细胞结构和神经纤维结构。

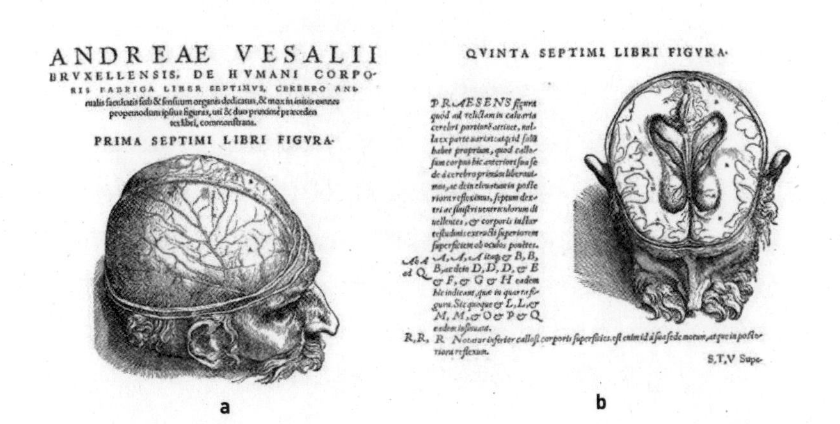

a.1543年安德烈亚斯·维萨里出版的《人体的构造》一书的插图。自希腊医生盖伦之后，这部著作代表了我们在人类解剖学上取得的第一次重大进步；
b. 大脑皮层和脑室。

图1-1　现代解剖学著作《人体的构造》插图

自维萨里之后，大多数的大脑图谱都被绘制在纸上，用各种鲜艳的颜色描绘出大脑的几百种结构。实验室研究的大多数重要有机体都拥有这类大脑图谱，它们为科学家提供了重要的实验参考。像现代生物学的大多数领域一样，技术是促进人们探索大脑结构的重要推动因素。在过去20年中，神经成像技术的发展促使神经科学家重新绘制了大脑图谱。现代的大脑图谱就像一个电子数据库，它体现了大量生理学数据与解剖学数据的时空分布。诸如磁共振成像、功能性磁共振成像、扩散磁振造影、脑磁图、脑电图和正电子发射断层扫描等现代技术，显著改善了用于研究、临床诊断和手术的大脑成像质量。由这些技术制作的大脑图谱使用起来非常方便。为了适应个体独特的大脑解剖结构，人们可以对这些图谱进行数字化调整或用电脑进行模拟。

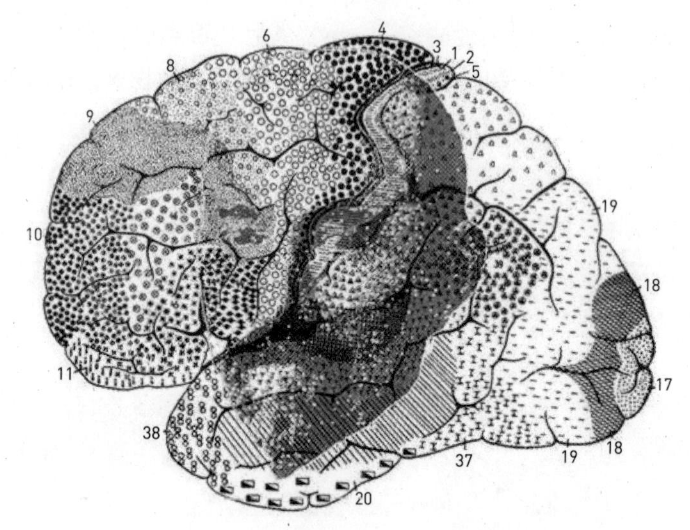

图 1-2　尼氏染色法描绘的大脑皮层

现代大脑图谱最早在临床上的运用可以追溯到让·塔莱拉什（Jean Talairach）的开创性工作。塔莱拉什在 1967 年创立了三维坐标空间，用以辅助深层的大脑手术。这个图谱源自一位 60 岁女性大脑的两个区域。后来塔莱拉什和图尔努（P. Tournoux）把它更新成了用于指导脑部手术的印刷图谱。如今的生物医学成像已经成了疾病诊断和术前指导的重要依据，医生会用很多时间和精力在成像中搜寻疾病的生物标志物。大脑图谱也被用于指导神经外科手术，以帮助医生“立体定位”，并以坐标为参照进行神经外科手术。运用这些数据，医生便能对某个患者的大脑成像图从解剖学、神经功能、血管及其相互关系的角度进行解释。

大脑图谱涉及的领域非常广泛，有高质量的小鼠图谱、大鼠图谱、猕猴图谱、人类图谱以及其他有机体的图谱。除了以组织学、磁共振成像和正电子发射断层扫描为基础之外，现代数字大脑图谱还采用了基因表达、基因连接、基因概率和多元技术，并且采用了复杂的可视化软件。最近，蒙特利尔神经病学研究所（Montreal Neurological Institute，MNI）的艾伦·埃文斯（Alan Evans）及其同事制定了扫描的平均标准，比如，以对一位年轻人进行多重扫描来命名的科林27标准大脑图和经常被采用的MNI152标准模板。虽然大脑天生具有三维的几何结构，但磁共振成像、计算机断层扫描以及正电子发射断层扫描通常不能让我们对大脑中某个结构进行详尽的分析，因为这些技术的空间分辨率有限。因此我们常常用分辨率很高的二维成像技术在体外对大脑组织进行扫描，然后采用复杂的重构算法，将图像还原到三维的大脑中。

大脑新趋势

THE FUTURE OF THE BRAIN

如今，数字大脑图谱被普遍用于描述神经结构的空间组织特征，也被用于筹备和指导神经外科手术，它还是解释基因表达或蛋白质组学数据的参考依据。神经科学研究的一个最终目的是认识大脑，弄清人类从行为到意识的一系列活动的大脑工作原理。为了达成这个目的，数字大脑图谱便构成了一个用于总结、利用和组织这些知识的坐标系。毫无疑问，数字大脑图谱依然会是未来神经科学技术实现突破的关键。

脑的遗传基础

现代分子生物学技术与基因组排序技术的发展为我们理解大脑遗传学开辟了道路。随着大规模空间基因表达数据的出现，我们获得了研究大脑解剖结构的新视角。大脑至少包含几百种不同的细胞类型，目前我们还不能完全清楚它们的分类。每一个细胞的类型都关系到它的功能以及它的基因表达形式，例如，基因表达的决定因素就包括开 / 关、高 / 低。我们可以通过各种技术来收集基因表达数据，而对这些数据的探究有望为理解基因与大脑结构之间的关系提供新见解。

早期的基因表达研究采用了如诺瑟杂交（northern blots）这样的方法。诺瑟杂交法就是先通过电泳的方法将不同的 RNA 分子加以区分，然后通过探针杂交来检测目标片段。这种方法一度成为确认基因表达的黄金标准，但它最终让位于更可量化的方法。微阵列革命显著提高了我们通过杂交许多基因来探究单个基因芯片的能力。如今，我们能够应用快速的数字排序技术对单个 RNA 片段进行测序，一旦知道它属于哪种有机体后，便可以将它映射回基因组。

2001 年，微软的联合创始人保罗・艾伦（Paul Allen）在麻省理工学院邀请了一群科学家参会，其中包括史蒂芬・平克（Steven Pinker）①和冷泉港实验室（The Cold Spring Harbor Laboratory，CSHL）的詹姆斯・沃森（James Watson）②，一起探讨神经科学的未来以及如何能加速神经科学的研究。这次会议形成的观点是：完成小鼠大脑基因表达的三维图谱对神经科学界的帮助将是巨大的。因此，研究者会根据现有遗传研究的资源和实践性方面的考虑来选择小鼠。而研究中用来描绘基因表达的技术被称为原位杂交技术［马克斯・普朗克研究所的格雷戈尔・艾歇勒（Gregor Eichele）及其同事实现了原位杂交过程的全自动化］。这种技术运用标记的核酸探针与细胞

①

世界顶尖语言学家和认知心理学家，著有《心智探奇》一书。该书的中文简体版已由湛庐引进，并由浙江人民出版社于 2016 年出版。——编者注

②

诺贝尔奖得主，提出引导生物发育和生命机能运作的脱氧核糖核酸（DNA）所具有的双螺旋结构，讲述 DNA 双螺旋结构发现历程的《双螺旋》一书作者。该书的中文简体版已由湛庐引进，并由浙江人民出版社于 2017 年出版。——编者注

或组织内部中的核酸进行杂交，能够保持大脑组织的完整性，因此可以提供空间背景（见彩图 1）。

2006 年，由保罗·艾伦资助、艾伦·琼斯领导的一支艾伦脑科学研究所的跨学科团队，公布了第一份实验鼠大脑的完整基因表达图谱。从那以后，艾伦脑科学研究所在网上不断公开其研究成果，他们整合了成年鼠、幼鼠、人类及其他灵长类动物的基因表达、基因连接数据和神经解剖信息，并且提供了强大的搜索和观看工具（见图 1-3）。除了数据之外，他们的网站上还有比色和荧光原位杂交图像浏览器、原位杂交的图像展示、微阵列与 RNA 测序数据，以及交互式图谱浏览器“大脑探索者”（Brain Explorer），用户可以浏览这些数据集合，对解剖信息和基因表达进行三维查看。全世界每个月大约有 55 000 名用户查看艾伦脑科学研究所的大脑图谱资源。科学家深入探究了这些图谱，想要在各个脑区中找到与疾病有关的标志基因，确定不同细胞类型的标志物，描绘不同的脑区并对跨物种的基因表达数据进行比较。

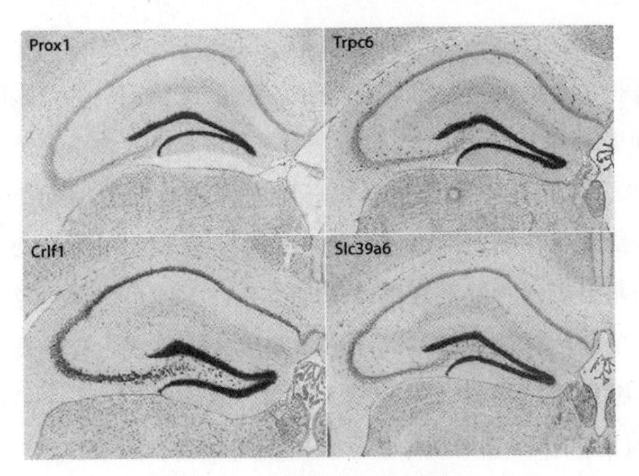

图 1-3　海马齿状回中的基因

注：这些基因的表达模式与 Prox1 密切相关。Prox1 是胚胎发育中最早出现的淋巴标志，在哺乳动物中枢神经系统和淋巴管的发育中发挥着关键性的作用。研究人员在 Prox1 成像中搜寻空间模式非常类似于 Prox1 的基因时发现了它们。将这两种模式结合在一起有助于我们进一步了解大脑海马的功能。

2010年5月，艾伦脑科学研究所的人脑图谱公布。这是第一份解剖学意义上的全基因组三维人脑图谱。它是6个成年人大脑的转录图谱，其中包含几百个大脑细分部分的组织学分析和全面的微阵列分析。该人脑图谱揭示：大脑不同解剖位置具有天差地别的基因表达；组成不同脑区的细胞类型展现出了稳定的分子特性，并且它们在个体之间具有高度的保守性。

特别需要指出的是，这些数据显示人类84%的基因在大脑中得到了表达，并且，表达模式虽然复杂，但个体之间存在着本质上的相似性。对差异基因表达和基因共表达关系的分析显示，大脑中的变化反映了主要细胞类型的分布，比如神经元、少突胶质细胞、星形胶质细胞和小神经胶质细胞的分布。所有这些细胞对大脑功能来说都是至关重要的。很有趣的发现是，大脑新皮层表现出了相对同质的转录模式，但有着与初级感觉运动皮层相关的特征，而且额叶部分基因的表达非常丰富。大脑新皮层的空间结构很好地反映了它的分子结构。也就是说，如果两个皮层区域越靠近，那么它们的基因表达模式就越相似。

为了理解大脑组织的遗传基础，研究者还在进行其他几项重要的探索，其中就包括爱丁堡小鼠胚胎数据集工程（Edinburgh Mouse Atlas Project，EMAP）。这个项目记录了大量小鼠胚胎发育的时间数据和空间数据。其他探索还包括洛克菲勒大学纳撒尼亚尔·海因茨（Nathanial Heintz）及其同事实施的基因表达神经系统图谱（GENSAT）项目，这个项目的目的是利用细菌人工染色体描述转基因小鼠的基因表达模式。其他类似的探索项目还有大脑基因表达图谱（BGEM）项目、基因绘制（GenePaint）项目、Eurexpress项目和小鼠基因组信息学（MGI）项目。所有这些项目都提供实用的教程，对用户很友好。

脑的标准化

根据一个共同的参考框架来描绘大脑的神经科学数据和临床数据，可以让科学家和医生比较不同个体间的结果。建立大脑标准图谱的一个主要作用是：可以将多样化的大脑套在一个标准框架内，由此让我们能更好地理解它们之间相似的特点。另一个作用是：我们可以据此认识到某个不同于普通群体的大脑有多独特、多不寻常。随着现代图像加工技术的发展，数字图谱可以作为建立大脑标准图谱的框架，还可以用于调查与之有关的信息。基本的数据库只允许我们通过单一界面获取数据。与之相比，复杂的数字图谱就像一个中枢，人们可以读取多个数据库、多种信息资源、相关文件及其注释。大脑标准图谱就像脚手架，我们可以借助它来分享、设想、分析、发掘多种形式、范围和维度的数据。

许多建立大脑标准图谱的观点来自20世纪90年代全美医学研究院的一项重大计划，它就是“大脑的十年”（Decade of the Brain）。在这项计划中，一些数字资源和电子资源被创建出来，以便实现神经科学各个子领域的统一与整合。这项工作的成果之一便是形成了神经信息学这门学科。这个研究领域的科学家会运用计算机技术和数学算法来组织和理解大脑数据。神经信息学的最终目标是将大脑结构、基因表达、二维和三维图像等信息汇总成一个共同的参考框架。围绕收集大脑数据这个工作已经形成了一些重要的组织，比如国际人类脑图谱联盟组织（International Consortium for Human Brain Mapping，ICBM）和国际神经信息学协调委员会（International Neuroinformatics Coordinating Facility，INCF）。他们的努力促成了一些在神经科学中被广泛采用的大脑图谱的问世，其中就有塔莱拉什图谱和蒙特利尔神经病学研究所的标准图谱。

建立大脑标准图谱时需要考虑的一个因素是，采用什么类型的坐标系。

正如蒙特利尔神经病学研究所的艾伦·埃文斯所说："大脑图谱领域中的核心概念是，用标准化的或'立体定位'的三维坐标系进行数据分析，再报告神经成像实验中获得的发现。这使得大脑研究者可以将许多类型的数据整合起来，之后从背景噪声中检测出群体平均信号。无论是结构性信号还是功能性信号都可以用这种方法检测出来。"标准坐标系是建立数字大脑图谱的基础。它需要两个基本构成：对立体定位空间中坐标系原点的规定，以及将每个三维大脑的天然坐标转化为图谱坐标的绘图功能。实现它们的一个主要步骤就是研究小鼠的大脑，在小鼠身上可以将不同类型的神经科学数据进行合并与比较。小鼠正发展成为神经科学实验中最重要的被试之一。对小鼠大脑的研究在数字大脑图谱领域中是一项国际性的合作，由国际神经信息学协调委员会提供部分资助。

脑的连接组

最近有研究证据显示，人类高超的认知能力来自大脑中大量相互连接的网络，而不是来自某一特定的脑区，比如前额叶的扩展。这尤其适用于诊断与神经连接异常有关的疾病，比如诊断精神分裂症、孤独症和诵读困难症。对于区别化地描述不同疾病的特征，比如区分重性抑郁症、焦虑症、强迫症和物质滥用成瘾，包括尼古丁上瘾等，神经回路的重要性受到了大家的普遍认可。

如今我们认为，神经性精神障碍可能源自神经系统病变，因为复杂的遗传因素与环境因素都会对神经回路产生影响。正如贾森·伯兰德（Jason Bohland）和他的同事在2009年的《PLOS计算生物学》（*PLOS Computational Biology*）中提出"中尺度"连接组时所指出的："对于具有遗传易感性的疾病，遗传多态性与细胞活动发挥着更大的作用，但对于理解症状、开发疗法，解剖结构学上的神经回路依然很重要。"例如，对于治疗帕金森病来说，基于药物和基于刺激的治疗干预不会发生在特定细胞的病变部位，这一判断便来源于大家对锥体外系运动系统的神经元之间相互作用的认识。

美国印第安纳大学的奥拉夫·斯波恩斯（Olaf Sporns）和瑞士洛桑的帕特里克·哈格曼（Patrick Hagmann），最早提出了定义大脑连接图谱的统一方法。2005年，他们首次提出了“连接组”（connectome）这个术语，用它代表大脑中神经连接的完整图谱。这个术语直接受到了当时人类基因测序项目的启发，从那以后，连接组学（connectomics）便涉及收集并分析有关连接组的数据集了。最近，塞巴斯蒂安·宋（Sebastian Seung）的同名书让“连接组”这个词变得流行起来了。这本书探讨了描绘人类连接组的目标，还讨论了科学家在微尺度上建立大脑组织三维图谱的努力付出。

研究者最早在秀丽隐杆线虫体内发现了完整的神经回路。科学家对它的细胞生物学和发育生物学的研究可以追溯到1974年，当时的研究者正是诺贝尔奖获得者悉尼·布伦纳（Sydney Brenner）。从那以后，秀丽隐杆线虫便成了生物学研究中普遍采用的典型有机体。研究者在描绘其神经回路的研究中使用了高分辨率的电子显微镜，对几百幅图像进行了手工注释，可谓神经解剖学领域中的伟大壮举。1986年，这些图像由英国皇家学会整理出版，约翰·怀特（John White）和悉尼·布伦纳为这个341页的出版物起名为“秀丽隐杆线虫神经系统的结构”。其他里程碑式的研究成果包括：1991年由丹尼尔·费勒曼（Daniel Felleman）和戴维·范·埃森（David Van Essen）发表的对猕猴视皮层和神经连接进行研究的论文，以及1999年J. W. 斯坎内尔（J. W. Scannel）和同事对猫科动物大脑中丘脑系统进行的研究。从那时起便出现了几个有关神经连接的神经信息学数据库，比如在线的猕猴大脑连接数据校对工具CoCoMac和大脑结构管理系统（Brain Architecture Management System，BAMS）。

几年后，在政府公共资金和私人资金的支持下，一系列独立的研究项目开始描绘实验室小鼠的中尺度连接组。其中，艾伦脑科学研究所启动了一个大规模研究项目，试图绘制区域性的以及特定大脑细胞类型的大脑三维连接图谱。“艾伦小鼠大脑连接图谱”使用了普通小鼠和转基因小鼠作为被试，实验采用了基因追踪法和高通量双光子断层扫描系统来呈现小鼠大脑中被标记的轴突。他们从每 100 微米的长度中抽取一个高分辨率的小鼠大脑冠状面图像。即便这样，每个大脑的数据集都能够达到 750 GB。到 2013 年底，研究者收集的数据达到了大约 1 500 TB，所有的图像绘制在同一个三维参考系中，这个参考系具有高度的空间保真性，这样研究者便能识别出支配小鼠行为与大脑功能的神经回路了。

绘制人类大脑的连接组是 21 世纪最大的科学挑战之一。人类连接组计划（Human Connectome Project，HCP）正在应对这个挑战的关键部分，他们采用的方法是阐明人类大脑功能与行为背后的主要神经通路。由于人类大脑非常复杂，而且尺寸相对较大，因此人类连接组计划采取了更宏观的方法来描绘大尺度的神经回路。他们的目标是，通过采用多种非创伤性神经成像技术，比如采用磁共振成像、脑电图和功能性磁共振成像技术来绘制出 1 200 名健康成人的大脑回路。

在功能性磁共振成像中，准确进行大脑分区对描绘大脑的连接组非常重要，这让我们又回到了最初有关解剖学的探讨。我们能够利用现代成像技术对大脑皮层进行划分，然后运用纤维束示踪成像技术和功能性磁共振成像技术来测量大脑连接模式，并根据这些不同的连接模式来界定大脑皮层区域。这类分析最好结合各种非创伤性成像技术，并在整个大脑的范围内进行。科学家希望对整个大脑的划分越来越准确，由此得到的正常人的大尺度连接组也会越准确，这样我们就可以将它与处于疾病状态的大脑区域进行比较。

如今的非创伤性成像技术还无法捕捉到神经元层面的大脑活动，描绘脊椎动物细胞层面的连接组则需要对其死亡后有限的大脑组织进行显微分析。大规模进行这样的操作无疑是一个巨大的挑战，因为在高度进化的有机体中，大脑的神经元数量动辄达到几十亿个，单是人类大脑皮层就包含了数量至少在 10^{10} 数量级的神经元，神经元之间的突触连接也达到了 10^{14} 的数量级。如今，描绘哺乳动物微尺度连接组的主要挑战在于：鉴于当下的技术，单是收集数据便要花费数年时间；现有的注释工具不足以支撑我们对大量的神经元信息进行充分的记述和提取；其中尤为重要的是，我们还没有发展出描绘相关神经连接并建立连接图谱的算法。为了解决这些机器视觉与成像处理方面的问题，出现了汇集群体智慧的开放连接组项目（Open Connectome Project）。统计图谱学是一门新兴的学科，它正在形成复杂的模式识别与推理工具用以分析这些大脑图谱。

大脑的未来

建立大规模大脑图谱是当今神经科学的一项重大任务。尽管我们不可能在近期系统化地绘制出大脑众多神经元中的每一个，但现代绘制技术使得大脑图谱具有了很高的分辨率和功能性特征。

神经成像领域中的一些新进展使得深入、大规模地描绘神经元成为可能，这个目标看起来似乎不像一开始想象的那么大胆。例如，利用组合颜色标记法来描绘神经元的“脑彩虹”便是基于几种类型荧光蛋白的随机表达来实现的。哈佛大学的约书亚·萨内斯（Joshua Sanes）和杰夫·利奇特曼（Jeff Lichtman）可以用 100 种不同的颜色来标记单个神经元。用可辨别的色彩标记神经元后，研究者便可以追踪并重建它们的细胞结构，比如，追踪一块大脑组织中的细长突起。这类神经元标记技术使我们能够对微小的神经元进行分类和显影。斯坦福大学的斯蒂芬·史密斯（Stephen Smith）开发了另一种对多样的突触代码进行分类的方法。这种方法被称为阵列断层成像技术，它还可以用电子显微镜对神经突触连接进行组合标记。

不久前，来自德国于利希镇的凯特琳·阿蒙兹（Katrin Amunts）和卡尔·齐尔斯（Karl Zilles），在实验室把单个人脑切成近 7 500 个薄片，然后进行扫描，并以 20 微米各向同性的分辨率重建了大脑的虚拟三维模型。他们采用的是蒙特利尔神经病学研究所艾伦·埃文斯开发的半自动重构工具。这堪称神经科学领域的一大壮举。这个被称为“BigBrain”的大脑图谱具有近乎细胞级的分辨率，也就是说，它的精细程度差不多达到了细胞层面。由于研究者收集了几乎所有的切片进行三维图像重构，因此 BigBrain 的数据集是传统磁共振成像的 12.5 万倍。磁共振成像的图谱无法呈现大脑细胞层面和大脑皮层的信息，但 BigBrain 图谱能够做到这一点。然而，要想让 BigBrain 图谱成为完善的大脑图谱，还需要对它进行注释，换言之，需要提供对大脑解剖结构的描述，以概括出大脑的精细结构。

BigBrain 图谱表明，现有的高分辨率三维显微镜依然不够精细，无法描绘出大脑最细微的结构。然而，三维成像领域同样取得了进步。2013 年，《自然》杂志上的一篇文章提到的一种方法引起了广泛关注，科学家将大脑放入三维的亲水聚合物网络中，然后用电泳去掉大脑的油脂。这样大脑可以既保持完整，又具有光学透明性，大分子也能渗透进去。利用小鼠的大脑，研究者呈现了完好大脑组织中远程投射、局部神经回路、细胞关系与亚细胞结构的图像。这种技术被称为“CLARITY”的脑透明 3D 成像技术，它采用原位杂交的完整组织以及在非切片组织中进行多轮染色去色的免疫组织化学法，来显现基因表达或蛋白质结合的情况。这种技术仍需改进，但它对人类脑死亡后的造影可能会有帮助。

为了处理这些新图谱产生的大量数据，找到其他的计算加工技术也很有必要。2012 年，麻省理工学院塞巴斯蒂安·宋发起的公众科学项目“EyeWire”，试图通过一个互动游戏来集思广益，让每位贡献者都尝试绘制出视网膜的连接组。本主题部分的第 4 章会简要介绍解决这个问题的另一种方法。

大规模的大脑图谱正通过分子数据、细胞数据、功能数据和连接组数据为神经科学界提供研究资料。从印刷大脑图谱到数字大脑图谱的转变具有革命性，数字大脑图谱更方便我们浏览，使我们能够对大脑进行三维重构和可视化，从最小的细胞核到宏观尺度的脑区都可以涵盖到。数字大脑图谱还改变了临床神经科学，医生在术前至术后的各个阶段都在以某种方式使用数字大脑图谱。在不远的未来，我们还有可能完成对大脑结构三维微尺度图谱的注释。几年后，我们有可能获得人类大脑皮层某个重要部分中近乎全部的树突连接和轴突连接信息。由此说明，大脑的皮层回路是多么错综复杂。大脑图谱将会把更多的科学工作流与临床工作流整合进来，为科学研究提供帮助，为诊断、监控和治疗大脑疾病提供新方法。

02 全脑神经成像与虚拟现实

米沙·阿伦斯（Misha B. Ahrens）

系统与计算科学家，霍华德·休斯医学研究所研究员

从历史上看，研究者一直以小块区域为单位对大脑进行研究，比如他们会记录单个或一小群神经元的活动。因此，过去我们很难将小型网络层面的大脑发现联系到依赖全脑机制的功能上。近期，有些项目正在尝试同时记录更多神经元的活动，这是全面了解大脑工作原理的重要步骤，也是全面了解几十亿个神经元做出的计算如何构成大脑整体功能的重要步骤。这篇文章展示了我们是如何实现对脊椎动物斑马鱼幼体的整个大脑进行成像的。

在解释如何做到这件事之前很重要的一点是，先要了解为什么完成所有神经元的成像并不足以让我们彻底认识大脑的功能。孤立地观察大脑活动会忽视它的物质背景：大脑是身体的一部分，身体具有它自己的动态变化，而身体又处在遵循自然法则的物质环境中。大脑中的神经元相互之间存在着大量的连接，而大脑的输出则通过环境直接反馈回大脑，因为大脑的“决定”所引发的行为会改变身体的形态和外部环境，由此引起新的感觉输入，大脑又会再次对它们进行加工，这就形成了所谓的感觉运动循环。这种循环很重要，例如，人开始行走的决定所引发的视觉输入的加工方式，会不同于没有这个决定时相同的视觉输入的加工方式。从这个意义上说，我们最好把认识大脑看作一个全盘性的问题，即把大脑、身体和环境看成一个整体，去认识这个完整的动态系统。

在某些情况下，虽然没有全盘视角，只是严格按照从下而上的方式进行研究，但我们依然能产生对神经功能合理的理解。例如，我们在认识视网膜、嗅球、初级视皮层和外周听觉系统上已经取得了很大的进展。如今在某种程度上，人工耳蜗移植已经成为可能，它能使耳聋的人听到声音（见主题6中的第19章）。然而，解决感觉输入、记忆与动作之间的相互作用等问题的最佳途径就可能是研究整个大脑了，包括研究所有的感觉输入、所有神经元的活动、所有运动输出和从运动输出返回感觉输入的回路等。

在与弗洛里安·恩格勒特（Florian Engert）、菲利普·凯勒（Philipp Keller）及其他人的合作项目中，基于对昆虫和哺乳动物的研究，也基于显微镜学的发展，我们建立了两个实验系统，从而可以开始对脊椎动物斑马鱼的动态神经系统进行整体研究。这项技术的第一部分是通过虚拟现实为神经系统创建虚拟环境。由于斑马鱼的脑袋会待在原地不动，因此我们记录其神经元的活动变得很方便。这项技术的第二部分让我们能够记录斑马鱼大脑中的几乎每一个神经元。斑马鱼的大脑总共有10万个神经元，我们能用技术记下8万个。总之，对斑马鱼生活环境和神经活动的详尽测量有望使我们洞察迄今为止还无法了解的大脑神经功能。

关闭感觉运动循环

许多行为，比如行走或飞翔取决于实时的大脑反馈，并且行为会基于反馈做出改变。以行走为例，如果一个人绊了一跤，他便会根据前庭系统和视觉系统的反馈来调整自己的步子。为了全面研究“行走”这个行为，完整动态体系中的另一个部分，即大脑与环境之间的关系便需要被纳入实验设计中来。

从20世纪60年代以来，研究者一直在将这类大脑的实时反馈纳入对昆虫行为的研究中。比如，卡尔·戈茨（Karl Götz）和马丁·海森堡（Martin

Heisenberg）等科学家便创建了研究苍蝇行为的实验系统，实验中苍蝇被粘在一根细电线上，这样苍蝇还可以扇动翅膀。研究者用一个敏感的扭力仪测量苍蝇在试图转向左边或转向右边时微小的旋转力量，来自扭力仪的信号被用来旋转一面鼓，这样苍蝇的视觉模式就会转向相反的方向。通过这种方式，静止的苍蝇就得到了真实的视觉反馈，这和它们自由飞行时得到的反馈是一样的。事实上，这就形成了苍蝇的虚拟现实飞行。这项研究的目的不是为了骗苍蝇相信它们在自由地飞行，而是为了了解它们行为的细节，并最终了解大脑是如何控制动物行为的。最近，研究者将这种方法又向前推进了一步，他们开始记录置于这种闭环虚拟现实系统的动物的大脑。他们让动物的头部保持静止不动，这样比较容易通过显微镜和电极来获得神经记录。在戴维·汤克（David Tank）和其他人的研究中，小鼠在三维的虚拟现实环境中奔跑，研究者监控它们处理空间位置或进行决策加工的神经元活动。

在研究斑马鱼幼体时，我们采用了略微不同的方法——使用了瘫痪的动物。在这种实验准备中，它们的脑袋完全处于静止状态，因此很容易被记录或被操纵。如果实验目的是研究身体、大脑和环境如何动态地相互作用，那么如何为瘫痪的动物创造出虚拟的现实环境呢？我们使用的麻痹方法只会影响它的神经元与肌肉的连接，而其中枢神经系统和脊髓仍能发挥作用，这样斑马鱼发送给尾巴肌肉的神经指令依然完好无损。我们可以记录并解释这些神经元的活动，由此发现动物的意图。这类似于《黑客帝国》中的人物利用来自大脑的记录在虚拟世界中穿行的方式。

当来自斑马鱼尾部的神经记录通过一个声音放大器后，形成了“噼噼叭叭”的声音，并且声音还具有随意游动的鱼的尾部那样一起一伏的节奏。这些信号可以被转化为虚拟的游动信息，推动动物穿行于虚拟环境中，而制造虚拟环境的则是动物身体下方的投影仪。这样，我们便准备好记录动物做动作时其大脑的活动了。既然行为的产生依赖于感觉系统、运动系统以及两者之间的所有连接，那么接下来的问题是：我们该记录哪个脑区？在对斑马鱼幼体的研究中，我们采用的方法是尽量同时记录所有的神经元活动。

全脑神经元成像

斑马鱼幼体具有几项实验优点，神经科学家最近已开始利用这些优点了，这也使我们能够用显微镜来记录斑马鱼的几乎所有神经元活动。斑马鱼大约一周大的时候非常活跃，会到处游动，做出探索、觅食和简单的学习行为。它们的大脑很小，包含大约 10 万个神经元。相对于哺乳动物的大脑，斑马鱼幼体的大脑更容易被研究。另外，它们的大脑结构与人类的大脑结构有许多相似点。最重要的一点是，斑马鱼是透明的，进化中的某种变异使得它们的皮肤缺乏色素，这样光学显微镜便能够穿透到它们大脑的最深层，因此能够对它们绝大部分的神经元进行成像。此外，斑马鱼是遗传学模式生物，它可以表达所有神经元或神经元子集中经遗传加工处理过的蛋白质。

大脑新趋势
THE FUTURE OF THE BRAIN

在最近 20 年中，科学家创造了一些蛋白质，它们能够通过钙依赖荧光试剂来报告神经活动。这样，当一个神经元被激活向另一个神经元发出信号时，细胞内的这类蛋白质就会亮起来。通过这种方式，科学家利用光学显微镜便能在细胞水平上测量神经活动。另外，使用光遗传学工具，研究者可以通过操纵不同颜色的光来让个别神经元变得兴奋或变得沉寂，从而扰乱神经活动。由于斑马鱼幼体是透明的，而且其大脑较小，因此基本上可以对它的每个神经元进行这样的操作。

在各种显微技术中，一种相对快捷，同时能保持亚细胞级空间分辨率的技术是光片照明显微技术。这种技术背后的原理是，对需要成像的组织进行“光学切割”。这意味着实验中每次只有一个薄片样本被照亮，而其他部分依然是黑暗的。

我们和其他研究者最近提高了光片照明显微镜的工作速度，这样它便能被应用到神经科学研究上。我们制造了新的光片照明显微镜，它的工作速度足够快，能够对斑马鱼幼体的大脑中大部分的神经元进行成像，并追踪其活动。实现对斑马鱼幼体的大约 8 万个神经元每秒钟进行若干次测量。

现在我们可以对斑马鱼整个大脑中神经元之间的相互作用进行研究了，探查其神经元群组是如何“协同工作”的。我们第一次对活着的斑马鱼幼体大脑的神经动态进行了观察，在斑马鱼自由地游动时测量了它整个大脑的神经活动。结果表明，斑马鱼的大脑非常活跃，就像是一个活动的海洋被呈现了出来，其中包括缓慢发展的神经活动、突然的闪光，有时还会爆发一阵大脑功能协调的神经活动（见彩图 2a）。

理解复杂的全脑数据

通过研究获得的大脑数据集非常庞大，由此产生了一个新的挑战：我们如何理解这样庞大的神经活动“丛林”呢？尽管神经元网络的通信方式非常复杂，但大多数的基础神经活动都可以由一个神经元反射给另一个神经元。因此，如果一个神经元非常活跃，其他神经元也会非常活跃。我们搜寻的是在某一时刻一起变得活跃起来，而在另一个时刻又一起沉寂下去的神经元群体。通过比较简单的算法我们便能找到这类神经元群体：在这个神经活动的“丛林”中，后脑的两个神经元群体显现了出来，每个群体中的一组神经元都表现出了与另一群体中的神经元有强烈的相关关系或强烈的反相关关系。这两个群体具有界线清晰的解剖结构。其中一个群体包含 6 个紧密地挤在一起、对称排列的神经元簇；另一个群体包含两个由细胞体排列组成的神经束（见彩图 2b，两个神经元群体分别为绿色和紫红色）。在神经活动的一团混乱中，这些神经元集合似乎在进行着密切的通信，未来，我们有望发现它们通信的目的。

从原则上讲，目前我们有可能研究大脑中从感觉输入到行为输出这整个的感觉－运动转换以及学习过程。这项研究非常重要，因为特定的大脑功能无法被分解，我们需要在整个大脑的层面上对其进行研究。以人们调整走路方式避免被突然刮来的一阵大风刮倒为例。一个合理的描述机制应该是这样的：大脑中控制运动的回路产生了行走节奏，在这里我们称之为一个运动程序；大风刮到了我们身上，皮肤中的感受器向大脑发出信号；大脑负责平衡感的前庭系统感知到身体位置突然发生了意外的改变，随后大脑视觉系统和前庭系统向运动系统发出改变运动程序的信号。来自大脑更高层级的认知会确保行走行为的改变不会让人忘记原本要走的路，直到大风过去。由于多个控制系统分布在大脑的许多脑区中，因此我们确实应该在整个大脑的层面上进行研究。这个原则同样适用于其他许多问题：比如，一大群神经元如何协调才能传达视觉环境中的一个重要特征；再比如，当气味信号显示有食物并将鱼引向气味的来源时，鱼的整个大脑会做出怎样的反应。从更广泛的范畴来说，全脑技术研究的是大脑的本质，即大脑的所有组成部分之间都存在着直接或间接的通信关系。

大脑的未来

虽然我们已经准备好要测量许多过去未知的变量，比如，测量整个大脑中的活动、行为反应以及感觉反馈的所有细节，但目前面临的挑战依然很多。最重要的一个挑战可能是，研究者必须确定要寻找什么，也就是寻找大脑在解决什么问题。现实或虚拟现实的哪些方面对动物来说很重要？动物会采取什么行动来应对面临的挑战？要确定大脑做了什么，在哪种情境中产生了什么行为，必须与研究大脑是如何做出决定的同时进行。

接下来，当通过一系列实验得出了适用的数据后，我们应该怎么处理这些数据？在实验室里，我们的目标是了解斑马鱼幼体的大脑如何执行与行为有关的计算。尽管相对于研究人类大脑的工作原理，研究甲壳纲动物由30个细胞组成的神经系统可能简单得多，但经过几十年的研究后，我们依然能从这个系统中得到有关神经系统功能的新见解，并且我们还会对结果感到很吃惊。可以确定地说，我们还没有完全搞明白这个由30个细胞构成的神经系统。这说明，研究一个由10万个神经元组成的大脑系统将是多么大的挑战！我们如何能从这么多的神经网络记录中总结出大脑功能的原理呢？计算神经科学家，比如我们的合著者杰里米·弗里曼就正在积极地寻找分析这些大数据集的方法。获得的数据越多，我们确定的模型就会越准确。从现实意义上看，全脑成像与行为研究以及计算神经科学是非常完美的搭档。

从技术的角度来说，这种测量神经元活动的方法相对于神经元毫秒级的通信来说是比较慢的，因为目前每个神经元大约每1秒钟只被观察1次。为了观察神经元如何在毫秒级别内进行通信，我们有必要通过改进或开发新的显微技术来提高速度。我们还有必要改进基因编码的传感器。

测量神经活动当然不足以了解整个神经系统。对于有关大脑功能的观察数据，我们只能进行机械的解释。考虑到单个神经元的行为是神经元活动海洋中的一部分，因此我们是否能根据神经元的集体活动来解释单个的神经元呢？为了缩小这个问题的范围，真正了解神经元的通信方式，我们必须知道神经元与神经元之间连接的属性。利用基因技术和电子显微镜技术我们可以得到这类解剖结构信息，从而让我们的理解变得完整。最后，扰乱这个动态系统，而不只是观察它，也是理解这个系统的必要方式。我们能否建立一个大脑工作原理的概念模型和预测模型，继而预测一组神经元突然静止不动时会做些什么呢？这类假设想要得到检验，就要利用诸如光敏感通道和嗜盐菌视紫红质这类光遗传学工具。当神经元被不同颜色的光照射时，嗜盐菌视紫红质这类工具能让神经元变得兴奋或变得沉寂，而且它们已经被用在了一系列对大象的研究中。这些研究的目的是：发现根据基因或根据解剖结构界定的神经元群体之间有什么因果作用。

大脑是在动态环境中进化出来的器官，这个环境包含身体和外部世界；大脑也是神经系统内的第一个响应者，其响应时间为 100 毫秒，其他器官的响应速度比大脑慢多了。“了解大脑功能”的意图一部分取决于提出问题的研究者，但更多的可能是，想要全面了解大脑就需要我们在各种不同的层面上进行研究。为了搞明白构成大脑的基础材料如何产生了网络化的功能，我们需要了解分子机制和单个神经元的动力学。相比之下，为了搞明白基础材料如何形成了比各个部分之和更了不起的整体，我们需要全面的大脑功能理论。希望以上我所描述的全局性的方法有助于大家构建出一个全面的大脑功能理论。

03 大脑新视界

克里斯托弗·科赫（Christof Koch）

美国西雅图艾伦脑科学研究所所长、首席科学家，南加州理工学院生物学与工程学教授，弗朗西斯·克里克的弟子

克莱·里德（Clay Reid）、曾红葵（Hongkui Zeng）、斯蒂芬·米哈拉斯（Stefan Mihalas）、迈克·霍利茨（Mike Hawrylycz）、约翰·菲利普斯（John Philips）、金·丹格（Chinh Dang）、艾伦·琼斯（Allan Jones）合著

拥有 860 亿个神经元的人类大脑是宇宙中已知的最复杂的事物。它有组织，是负责人类行为、记忆和感知的器官，就连最神秘的意识也产生于大脑中。神经科学是探究大脑运作原理的学科，它经历了一个半世纪的发展，揭示了大脑的构成要素分别是膜通道、神经突触和神经细胞。然而，大脑惊人的异质性、神经元庞大的数量及其聚集方式的多样性使得还原论者无从理解，只是弄清了大脑运转中很微不足道的那部分。此外，鉴于神经系统是相互交织的，许多神经元会从其他数千个神经元那里接收信息，并与数千个神经元共同输出信息，因此影响任何神经元活动的因素都具有多样性。然而，我们必须了解大脑，不仅因为大脑中的客观事件与心智的主观现象之间的关系依然是科学界最深奥的谜题之一，还因为神经系统的病变和损伤会给个体及其家庭，甚至社会带来无法承受的后果。

大脑研究的任务很艰巨，人生很短暂，因此就让我们把注意力集中在范围较小的问题上吧！去了解在新皮层中信息是如何被表征和转换的。新皮层就是众所周知的大脑灰质。新皮层是一种层状结构，不同动物的新皮层差可达 2 倍，表面积差可达 55 000 倍，比如烟色鼩鼱和蓝鲸的新皮层。哺乳动物大脑的独特特征是：新皮层非常多样化，能够进行可扩展的计算，非常擅长跨形式的感觉加工，建立并记忆关联，计划并产生复杂的运动模式，新皮

层与人类的语言也有关系。

新皮层由较小的模块化单位以及遍布整个大脑皮层的柱状回路组成，在任何一个皮层中，这样的结构都会反复出现。在不同的区域中，这些模块具有不同的连接和属性。我们还不清楚新皮层柱有什么计算功能，可能有过滤输入、侦测特征、放大依赖背景、查阅表、线性吸引子、预测编码器等。而且，科学家对新皮层柱是否存在这些计算功能还存在争议。然而，新皮层的结构与基因组表达模式具有跨物种、跨脑区的恒定性，当然，也存在许多例外。蠕虫和苍蝇的大脑具有高度的刻板性，遗传决定的神经回路调节着它们先天的行为。与蠕虫和苍蝇不同，哺乳动物的新皮层回路是由其祖先的经历和个人经历所决定的，并且采用了目的更宽泛、更灵活的群体编码原则，因此哺乳动物的大脑对环境具有高度敏感性。从这种意义上看，皮层柱的性质可能最接近通用图灵机[①]。基因组和学习机制的组合会根据输入大脑的视觉、听觉、语言信息等的统计结果来调整皮层柱的设置，或者反过来。

人类大脑与小鼠大脑

为了深入认识新皮层，我们必须通过记录动作电位的发生率和时间来探究相关的微变量，尤其要记录放电达到峰值的神经元。活跃的神经元快速地聚合成分布广泛的结合体，然后再分解开，这时运动皮层的感觉外围神经便能够追踪到这些变化。为了描绘、观察和干预这类分布广泛且非常独特的细胞活动，我们应该把研究焦点从人类转向一个在进化上相关的典型有机体，这样我们就可以对它进行全面的测量和干预了。这种有机体就是小鼠。

① 一个抽象的机器，它有一条无限长的纸带，纸带分成了一个一个的小方格，每个方格有不同的颜色。有一个机器头在纸带上移来移去。机器头有一组内部状态，还有一些固定的程序。在每个时刻，机器头都要从当前纸带上读入一个方格信息，然后结合自己的内部状态查找程序表，根据程序表输出信息到纸带方格上，并转换自己的内部状态，然后进行移动。——译者注

在 7 500 万年前，人类和小鼠具有共同的祖先，它们共享着许多基因组。确实，99% 的小鼠基因可以在人类基因组中找到直接对应的片段，两者在核苷酸水平上具有 85% 的相似性。来自“艾伦小鼠与人类大脑图谱”的数据显示，小鼠和人类在细胞层面的基因表达上存在着许多差异。其中最显著的差异在于视皮层和躯体感觉皮层之间，这反映了视网膜中央凹对人类以及触须对小鼠的重要性。

除此之外，人类大脑与小鼠大脑还存在两个非常明显的差异：可利用性和尺寸。首先，出于伦理方面的原因，我们只能在极少数情况下，其中主要是在神经外科手术中对人类活体大脑进行细胞层面的探究。相比之下，只要对动物的福祉给予适当的关照，我们便可以采用电生理学及光学成像技术对小鼠光滑的新皮层进行充分研究。此外，一些实验采用经过适当改造的病毒，对小鼠的神经元亚群进行染色、标记、打开或关闭，实现了对小鼠大脑神经回路前所未有的控制。目前，神经科学研究大量采用了光遗传学方法和药物遗传学方法，这些方法能够在限定的时间里对限定的细胞类型暂时侵入性地控制一些限定的事件，这种控制非常精细，因此它们构成了干涉主义者的一系列工具，使神经科学可以从探索相关关系发展为探索因果关系，从观察实验对象在思考某个决定时神经回路的激活，到推断这个神经回路对做决策是否必需。其次，人类大脑与小鼠大脑相差 3 个数量级。就重量而言，它们分别是 1.4 千克和 0.4 克。就体积而言，它们分别相当于一个 10 厘米的立方体和一小块方糖。人类和小鼠整个大脑的神经元数量分别为 860 亿个和 7 100 万个，新皮层的神经元数量分别为 160 亿个和 1 400 万个。

大脑视界项目

人类大脑与小鼠大脑整体上具有相似性，同时后者比前者小得多。因此，合理的实验做法是，对小鼠大脑进行全面的大规模研究，并绘制出特定类型细胞的详细神经回路，记录、呈现、扰乱并模仿小鼠典型行为背后部分皮层–丘脑神经元的尖峰活动。研究者通过这种方式来了解感觉信息如何在一个或几个感知–行动周期的时间里被编码、转化，并成为人类行动的依据。这些知识可以通过持续、专注、高通量的努力来获得。由此形成的大脑视界项目（Project Mind Scope）包含 5 条紧密交织在一起的研究线。

大脑视界项目是 2012 年 3 月公布的一项里程碑式高通量计划的一部分，这个计划预计 10 年完成。这项计划涉及几百位科学家、工程师和技师。慈善家保罗·艾伦在 2003 年创立了艾伦脑科学研究所，他承诺前 4 年会为这项雄心勃勃的计划投入 3 亿美元。他还承诺，2015 年底将在西雅图建成一座总面积约 2.5 万平方米的研究大楼。

大脑视界项目专注于研究成年小鼠的视觉系统和视觉–运动行为。研究所的科学家通过观察和模仿皮层–丘脑视觉系统中信号的生理转化（见彩图 3）来了解从光到行为的计算过程。参与者想要描述并分类皮层–丘脑视觉系统的细胞构成，它们的动态关系以及细胞类型特异性连接组。科学家想要知道动物看到了什么，它们对看到的东西如何量化。这就需要科学家将不同方法、跨学科的结果紧密整合起来，这些学科和方法包括经典神经解剖学、分子神经解剖学、电生理学、光学生理学、对细胞群及其动力学的计算机建模以及对整个皮层–丘脑视觉系统的设计与运作的理论思考。

描绘细胞类型与连接状态

为了实现这些雄心勃勃的研究目标，我们要依靠一些经过基因改造的小鼠，这些小鼠体内都有一种或几种被标记的特定神经元类型。我们利用某种神经元独特的基因表达创造出了转基因的小鼠品种，这些小鼠的一些特定基因的启动子被用来表达一种叫作 Cre 重组酶的主控基因。研究者利用这类

Cre 重组酶驱动者品种的小鼠，有效地在特定的基因类型中或者在特定的时刻诱导出了变异基因。研究者还可以将这种小鼠和报告基因鼠或转基因病毒载体鼠联合使用，以控制各种效应基因的表达，实现对神经元的标记和操作。这类转基因小鼠是非常有效的工具，我们利用它能够剖析神经回路的构成。我们已经繁育了 40 多种这类 Cre 重组酶驱动者品种的小鼠，它们的皮层－丘脑神经回路中全面涵盖了兴奋型和抑制型的神经元。随着我们对不同类型细胞的了解，还会繁育出更细化的品种。大家可以通过美国杰克逊实验室（Jackson Laboratory）获得这些小鼠的信息。

在效应基因方面，我们采用最先进的分子工具来监控并操纵神经回路。这些工具包括用来显现神经元结构和连接的各种荧光蛋白（见主题 1 中的第 2 章），以及用于报告神经元活动的基因编码的钙离子指示剂，比如 GCaMP6，还有用于改变神经元活动的光驱动视蛋白，比如光敏感通道。也就是说，一旦我们识别出了任何一组神经元的分子“编码”，我们便能标记这组神经元，并把它们“打开”或“关闭”几毫秒甚至几个小时。这些遗传工具是我们实验研究的基础。

几年后，我们开始大规模开发有关脑区和细胞类型特异性的三维连接图。艾伦小鼠大脑连接图谱（见主题 1 中的第 1 章）采用了基因追踪法和高通量双光子断层扫描系统，以流水线的方式对数千只小鼠大脑中经绿色荧光蛋白标记的轴突进行成像。我们使用了高速双光子显微镜，同时对小鼠整个大脑进行了自动振动切片。从每 100 微米的长度中抽取一张高分辨率的大脑冠状面图像，因此每个大脑的数据集都达到了 0.75 TB。我们已经收集了大约 2 000 个这样的数据集，所有的数据集都以高度空间保真性记录在标准三维参考系中。这意味着，我们可以对整个数据集进行量化分析，这些图像被解析成 50 万个 100 微米 ×100 微米 ×100 微米的像素，并基于艾伦小鼠大脑连接图谱被绘制在 295 个脑区中。这些根据解剖结构界定的脑区中充满了像素点，就像瓷砖一样贴满了所有的大脑空间。接下来的研究步骤是，更聚焦地探究皮层－丘脑视觉回路，用具有 10 微米各向同性分辨率的三维图谱来分析相应的细胞类型特异性连接。

我们将全面描述皮层－丘脑视觉回路中细胞类型的生理、解剖及转录性质。我们估计其细胞类型会少于 100 个，目标是找到这个回路中细胞类型全面的分类法。细胞类型和单个细胞层面的生物异质性，以及每个个体独特的遗传基础和生长环境都可能是神经回路功能多样性、灵活性和可塑性的影响因素。

我们计划在单个细胞层面上三管齐下。第一，我们将采取细胞膜片钳记录实验中所遵循的电生理规程，来记录切片大脑和活体大脑中各种类型细胞的全部生物物理学性质和固有性质。另外，我们将使用广义的泄漏积分器模型，通过计算机模拟来准确地复制所观察到的阈下电压和尖峰时间行为（spike timing behavior）。第二，我们将会对几千个神经元的全部形态结构进行成像和重建，描述整个大脑中神经元的树突树、近端轴突分支和远端轴突分支。第三，我们想要分别利用实时荧光定量核酸扩增检测和转录组测序技术，通过部分或接近完整地读出被转录到几千个细胞中的信使 RNA 来对细胞进行分类。

最后，我们将探究相同类型或不同类型神经元之间突触连接的详细生物学性质，尤其是突触强度的短时改变。这将为我们的大规模建模计划提供大量数据，建模计划的目的是形成有关神经回路计算的模型与理论。像过去一样，这些数据将会被免费公布在一个受监管的在线细胞类型数据库中。

虽然细胞类型的形态特性和生物物理学特性能够概括地反应神经元之间的连接，但高度互连的皮层回路所具有的结构数量，远比依据测量结果预测出来的统计数据多得多。除了脑区连接和细胞类型特异性连接的统计规则之外，细胞群体间更高等级的连接与功能特异性有关。因此，我们正在计划对视皮层中精细的连接组进行更深层的解剖学研究，也就是要研究皮层回路中单个神经元之间（i 和 j）的突触网络（W_{ij}）。这些研究包括皮层回路的大规模重建，采用的方法是连续切片电子显微镜技术，以及用狂犬病病毒进行跨突触标记的更有针对性的实验。由于皮层网络中特定的连接有可能与特定的生理反应有关，因此我们将对以前被研究过行为背后的生理机制的动物进行解剖学实验。

记录神经元集群的活动

大脑视界项目的最终目的是了解皮层中进行的计算。我们选择视觉系统作为探究小鼠大脑的入口。尽管小鼠的视觉敏锐性大约是人类的 1/50，但它们大多数的解剖及生理特征相似，因此视觉成了研究其感觉形态的最佳选择。尽管我们对小鼠由胡须和嗅觉触发的行为已经有了很多了解，但小鼠所能做的视觉 – 运动行为还有许多值得研究的地方。

视觉信息源自动物的光感受器。拿普通实验室小鼠（C57BL/6J）来说，它的每只眼睛里有 600 万～ 700 万个视杆细胞和 18 万个视锥细胞。视觉信息透过视网膜，会在大约 5 万个神经节细胞中产生动作电位。这些神经节细胞大约分为 20 种，它们具有不同的形态、反应模式和分子特性，像瓷砖一样覆盖着视觉空间。许多神经节细胞会向外侧膝状体核的 18 000 个神经元投射信号，外侧膝状体核是视觉丘脑的一部分。外侧膝状体核细胞的轴突与初级视皮层的 36 万个神经元中的一些连接在一起。对小鼠皮层的解剖追踪显示，初级视皮层具有复杂的层级结构，围绕着它有大约 12 个视觉联合皮层，而灵长类动物至少有 36 个视觉联合皮层。视觉信息在通过初级视皮层和视觉联合皮层时被进一步加工，初级视皮层和视觉联合皮层构成了网络中的网络（见彩图 3）。

我们正计划研究一系列更加复杂的视觉－运动行为。这些行为会围绕着物体识别进行，从而可以记录这些行为是怎样影响初级视皮层的感受野和其他特征的，以及皮层回路是怎么塑造行为的。我们可以训练小鼠一边奔跑一边分辨两种简单的刺激，例如分辨向左倾斜和向右倾斜的格栅，并评估在特定细胞类型、皮层和皮层区域中扰乱神经活动会对小鼠产生什么影响，同时监控其神经元集群的活动。

传统上，研究者会用电生理学方法研究神经元的尖峰活动。以前研究用的是手工的电探针。进入硅器时代后，研究者开始采用多电极记录的方式。目前探针的价格已经降低了，而且每个探针柄上都有 64 个记录点，这为将来的技术改进留下了很大空间。我们正在与其他机构合作，打算制作出记录点更多的硅探针，这种探针带有一体化的电路，能够放大并多路传输来自每个探针柄上 512 个记录点的信号。这种探针柄基座上的电路将放大、过滤并多路传输信号，这样，与芯片连接的电线就会很少。我们未来几年的目标是记录构成皮层微柱的大部分神经元。如今我们可以将 Cre 重组酶作为中介进行光敏感通道的表达，在 Cre 重组酶的作用下，特定类型的细胞会直接因为光而变得兴奋，继而能够被识别出来。因此我们便有可能将皮层微柱的神经元分成特定的细胞类型。

对活动中的小鼠进行功能性成像的研究已经取得了以下进展：记录几百个遗传靶向神经元的活动成了日常工作。双光子显微镜技术可以让那些用荧光标记出的神经元显影，图像的分辨率水平足以让我们识别出单个神经元树突棘。基因编码的钙离子指示剂，比如 GCaMP6，便能够提供神经元胞体中动作电位所控制的信号。如果将钙离子指示剂与双光子显微镜技术联合使用，我们便有可能以视频速率分辨出数百个神经元中一阵阵突发的尖峰。当然，这比电生物学记录亚毫秒的分辨率还是慢很多。由于所有视皮层都位于颅骨之下，因此我们能够把每个皮层都定为生理学成像的目标，有时可以在同一个实验中完成。最近，记录单个轴突和突触前膨体的峰形活动已经可以实现了，因此投射神经元提供的信号也能够被记录在靶点区了。这样，除了以上描述的脑区间解剖连接的图谱之外，我们还计划描绘功能的投射组：当动物处于深层睡眠、奔跑状态以及处于涉及空间注意力与物体识别的视觉-运动任务中时，被标定类型的神经元发出的生理信号会在视皮层之间传递，我们将据此绘制出全面的大脑图谱。

将量化工具引入神经科学

我们探究了外科手术的应用技术、电子显微重建技术和神经回路标记技术，尝试了从行为组到双光子钙成像技术，再到使用质量监控、标准操作程序的标准化流水线以及其他生物技术行业流行的工具，将多种技术和工具组合起来以更快地获得相关生物学数据。对于参与艾伦脑科学研究所大脑图谱项目的每个人来说，核心问题是清楚地界定目标产品，通过项目计划和管理程序系统地确定研究的转折点和可交付的成果。我们联合了多学科的科学研究团队与技术团队，其中包括生物学家、数学建模专家、数据分析师和工程师，实现研究过程的工业化并努力按时、不超预算地交付产品。

大脑图谱的每个模块都与一个大型数据生成流水线相连，在保证高生产量的条件下采用标准操作程序、供应链管理技术和质量监控措施。数据一旦被生成，它们便会进入信息学数据通道（informatics data pipeline）。在成为产品之前，数据会经过多轮加工，受到质量监控。根据结构化科学实验室中的工作性质来看，任何一个模块都可能支持多个数据生成流水线或者在支持某位科学家的研究工作中发挥作用。

我们最新的在线数据产品，即艾伦小鼠大脑连接图谱便是大规模流水线的杰出实例。我们实现了以下过程的工业化：转基因小鼠的繁育和特征描述，立体定位重组腺相关病毒（rAAV）追踪器的注射，连续的双光子断层扫描，以及将这些数据生成模块与强大的信息学数据通道连接起来以形成图谱的主要数据集（见图 3-1）。为了达到这个项目设立的目的，我们提高了大量培育 Cre 重组酶驱动者小鼠的能力，并将这些工作与外科医生专注的核心任务协调好，他们每天要进行精确的 rAAV 追踪器的注射，并数年如一日。这个项目为连续双光子断层扫描提供了几千个接受注射的小鼠大脑。每个系统每天对一个小鼠大脑进行切片和成像，他们会在 x-y 轴上每 0.35 微米抽取一个样本，在 z 轴上抽取得比较少，这个系统每周运转 6 天。在工业化的实验环境中，我们全面监控系统 20 小时正常运转，在工作时间之外也有工作人员随时待命，以处理运转中出现的任何问题。前三个数据生成模块的输出内容是原始的双光子钙成像数据，数据来源是野生鼠和 Cre 重组酶驱动者小鼠。之后这些数据会经过多个阶段的加工和质量监控，这是完整流水线的一部分。

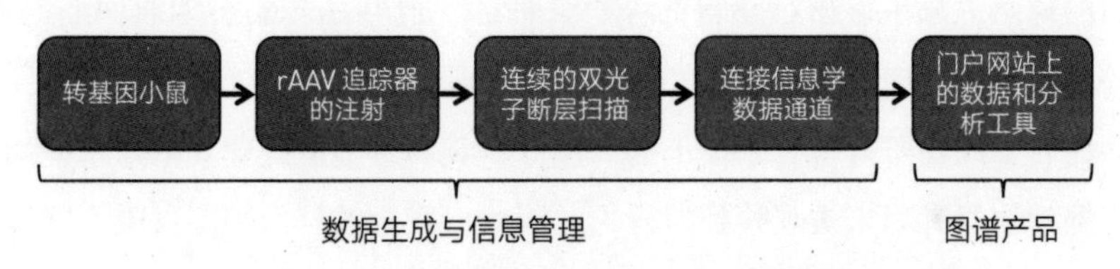

图 3-1　艾伦小鼠大脑连接图谱数据生成与信息管理流水线

整个流程包括自动化的数据加工、数据搜索、数据可视化处理，以及对庞大而复杂的数据集进行分析。作为可扩展的计划系统，它还包含一些算法模型，这些模型整合了内部开发的实验室信息管理系统、工作日常安排和成果提交管理中心。这些部分共同构成了一个完全自动化的流水线，每年能够处理 1 拍，即 10^{15} 字节的图像数据。

生产出的最终图谱产品会通过一个网络应用程序发表。使用者可以搜索一个或多个结构向其他结构的投射，搜索类似的连接模式和虚拟的逆行连接，也可以在艾伦大脑参考图谱提供的解剖背景下浏览二维或三维数据，还可以浏览、分析一个或多个数据集，下载所有的计算数值以进行大规模数据挖掘和分析。

我们计划将类似的项目管理技术用于生成高质量的数据产品，研究者可以通过分析这些数据了解在体外和体内的条件下，小鼠皮层神经元和皮层 - 丘脑回路的结构与功能。

通过整合多样化的数据和理论来建立大脑模型

鉴于神经系统的复杂性，建立可量化的生物物理模型和更抽象的神经元与网络模型，对理解神经系统的功能来说至关重要。有两组可观察的行为与有机体的功能有关，我们需要复制其大脑模型。这两组行为分别是神经元活动，即神经元阈下膜电位和神经元尖峰性能，以及动物所对应选择的行为。尽管我们最初计划观察小鼠非常自然的觅食行为和在转轮上的奔跑行为，但这只代表了动物所有行为中很小的一部分。我们希望据此建立的模型能够被推广到动物所有尚未被观察到的行为。因此，我们的努力范围仅限于能够复制神经元活动特征的机械模型。模型的细致程度、细胞类型的群体统计数目以及被个别描述的神经元反应都取决于观察到的图像分辨率水平。在现有分辨率水平的基础上，我们计划对小鼠神经连接组，包括对其细胞类型特异性连接 $W_{\alpha\beta}$ 和个体连接 W_{ij} 进行量化。由于大部分在皮层神经元之间传递的信息是峰电位，因此我们将建立一系列视觉模型，将大脑结构与峰电位联系起来。

我们计划用参数表示一系列神经突触、神经元和神经回路的模型，复制出神经元输入与输出的关系。相关的脑切片电生理学、形态学和转录数据会限制大脑外侧膝状体核和初级视皮层的模型。对于神经突触来说，重点在于为众多神经细胞类型之间短期的可塑性确定正确的参数。一开始，我们将采用最常见的带泄漏积分触发单元来对神经元建模，因为已知的凸优化方法让我们能够找到一组与阈下电压和尖峰性能最适合的独特参数。生物物理学模型拥有天然的优势，因为在点神经元模型（point neuron model）之上，它纳入了许多有关这个系统的已知信息，包括形态学、取决于电压的电流、神经突触及其位置，并且所有这些信息只依赖它们的物理描述。当然，生物物理学模型很难确定参数，而且寻找参数是建模过程中使用计算机最多的时候。有一个尚未解决的问题是，是否存在发生率频繁到足以被作为模型来分析的标准回路，比如皮层中间神经元-锥体细胞微回路、皮层-丘脑回路等。发现模块化是使我们避免所谓的复杂性刹车（complexity brake）的关键原则，这适用于所有的生物。既然大多数组成部分是通过切片数据来设定参数的，那么我们将调节性突触输入与来自其他皮层和丘脑区域的直接突触输入合并了起来。

许多脑区与视觉区域相连接，并且影响着视觉区域的活动，有些脑区设定了视觉信息的警觉水平，有些负责处理听觉信号、躯体感觉信号或运动信号。为了量化这种神经活动状态，我们开发了一种群体统计方法，在神经突触输入具有相同特征的条件下，使用这种方法能够复制简单的点神经元模型群体的阈下活动和尖峰活动。它还可以被用于测量非常大的网络，甚至用于整个大脑，以模仿人体睡眠时的大脑或处于“静息状态”时的大脑活动。这种模型的重要参数是细胞类型连接组以及神经元与模块的动态性质。

为了建立一个系统层面的模型，我们计划建立一个在线网络模型，它包含我们所描述的所有加工水平和模块，会使用建模描述语言和其他模拟工具。建模的过程中允许纳入混合模型：可以用群体统计数字来描述初级视皮层以外的视觉区域；用尖峰群体描述初级视皮层；用生物物理学细节描述数量有限的神经元。其目的在于复制生物体内的生理机能。这种追求高分辨率的方法限制了在一些大脑区域上所花费的计算时间，比如那些对模拟输出影响不大的区域就可以简化，这样也能够让模拟结果理解起来简单些。

从系统模型时空感受野的角度来描述视觉神经元的特征很重要，时空感受野就是视觉空间中的区域，在那里精确定时的一系列视觉刺激会引发动物反应，如果一根小棒在某个方向上移动，那么这个方向上的视觉神经元就会做出最好的回应。接下来的分析步骤包括小鼠在加工自然视觉景象时的行为状态依赖与背景整合，因为它可能对这种自然视觉景象比较敏感。我们还计划在观察到的神经元活动和神经元编码图像的模型基础上重建视觉输入，这就是所谓采用了贝叶斯方法的读心术。这些重建让我们能够用定量的方式来检验特定的编码模型，例如重建的质量是不是取决于这些特征显著的函数？虽然我们的焦点在于刺激编码的模型，但解码与编码之间存在着辩证关系，即我们对神经元编码刺激了解得越多，解码也会越好。

构建模型的最后一个步骤，是将神经元活动与动物在执行任务中的选择联系起来。混合模型的构成涉及映射行为的各个不同层面，它对用敏感性分析技术来预测哪些构成、哪些细节促成了结果会很有帮助。这种分析对预测光学遗传干预如何影响神经网络活动至关重要。

虽然我们能够记录每个神经元的每个峰电位，能够通过生物物理学方式模拟每一个峰电位，但我们依然无法理解神经元加工背后的深层原理（见主题2中的第9章）。丘脑中的反馈通路有什么功能？大脑的运作是否由一系列通过反馈调节的线性－非线性反馈加工阶段组织而成，就像大家熟知的灵长类视觉模型那样？物体是如何被表征的？这些表征又是如何被大脑使用和学习的？为了适应环境，皮层在多大程度上进行着预测编码或者贝叶斯推断？回答诸如此类的问题需要实验、建模以及理论成果三方密切合作。这类理论思考对我们的建模工作是一种补充。

当建模专家、理论科学家、解剖学家和生理学家聚集在一起，共同研究皮层－丘脑系统时，由此而产生的建模和理论将会指导我们未来的实验研究，并在我们能够测量什么对象、应该建立什么模型以及能够理解什么内容之间建立起良性循环。

走向大规模、开源科学

神经科学是一个庞杂又各行其是的领域，全世界大约有 10 000 个独立的实验室在探索不同的主题，涉及的时空范围从毫秒到年，从纳米到厘米，研究工具的种类多得令人眼花缭乱。在 2012 年《自然》杂志的一篇评论中，科赫和里德提出了在大科学时代中进行大脑研究所面临的挑战。学生为了毕业必须写出自己独立研究的论文，教师为了获得经费支持和终身教职，必须在非常有影响力、竞争激烈的期刊上发表文章，因此，现代学术研究事业鼓励实验和团队之间最大限度地独立。确实，当参加每年举办的神经科学学会（Society for Neuroscience）会议时，人们会吃惊于 60 000 多名神经科学家正迅速地以各种垂直的研究方向远离彼此，就像社会学形式的"大爆炸"。虽然在任何学科发展前期的探索阶段，这种独立是非常必要的，但对经典大脑回路和日常行为进行更系统、更全面的研究需要神经科学家进入更成熟阶段。

研究团体之间的垂直关系已经阻碍了制定研究标准和大规模标准项目的形成。例如，迄今仍没有统一认可的标准可以将动作电位从来自不同神经元组织的嘈杂电记录中识别出来。相反，研究者正在使用着几十种不同的峰电位侦测与分类算法。为了获得竞争优势，同时也因为没有足够的资金来对在线数据储存库进行管理和监督，科学研究者辛苦取得的研究成果就那样堆放着，其他人很少能够通过网络获取。只是在最早描述分子化合物和转基因动物的论文被发表后，它们才得到了普遍应用。所有这一切让我们很难进行跨实验室的比较或复制特定的实验，这大大降低了神经科学发展的速度。

大脑新趋势
THE FUTURE OF THE BRAIN

大脑视界项目同时也是神经科学领域的一个社会实验，它预示着神经科学大规模统一时代的来临，只是目前这个领域还处于诸侯割据的状态。我们应该奖励合作进行项目研究的团队，而不是奖励几个主要的研究者。将源自个人主义学术环境的各种不同科学方法与团队驱动的公司方式整合起来，这构成了大脑视界项目真正的挑战。通过将许多专业人士聚集在共同的目标、技术和标准之下，大脑视界项目能够比任何一位独自工作的专业人士取得更多的成果。只有这样，大量不同的解剖、成像与生理学数据才能被综合成一个数学预测框架，揭示出各个要素如何组合在一起并整体运转，从而产生智慧与意识。我们设想在不远未来的某一天，少数设备精良、人才济济的尖端大脑观测机构将会弥补这种学术状况的不足。

虽然大脑视界项目令人望而却步，但其他科学领域有实施更庞大项目的先例，比如构建高能粒子加速器、天文望远镜和人类基因组项目。这些项目涉及成千上万的科学家、工程师和技术人员，历时几十年，得到了国家政府、基金会和私人捐助者的资金支持。类似于物理学家构建出的远眺宇宙边缘的天体设备，大脑科学家必须构建出可以窥探颅骨内产生心智事件的“观测机构”。

04 使用基因测序解决连接组问题

安东尼·扎多尔（Anthony Zador）
神经科学家，纽约冷泉港实验室神经科学系主任

创造会思考的机器，先要破解连接组

每年会有 30 000 多名神经科学家聚集在一起分享他们的新发现，这些发现足以汇集成几千篇科学论文。神经科学发展的速度令人震惊，但我们依然没有真正搞明白大脑是如何工作的。这是为什么呢？

我认为主要原因在于我们遗漏了至关重要的信息。尽管我们对细胞分子、单个神经元以及脑区的总体结构了解很多，但仍缺乏神经回路层面的信息。其中一个重要的先决条件是知道大脑的“接线图”。这里有一个好消息，因为近期技术的进步，我们可能很快便会得到大脑的“接线图”，也就是大脑的“连接组”了，我们在这个“接线图”上能够分辨出单个神经元来。

但是目前的技术还做不到，也就是说我们还没有“解析”大脑的能力，因为显然我们离获得这个“接线图”还有距离。如果我们真正了解了思想是怎样产生的，便能够制造出具有类似人类思想的机器。

在半个多世纪前的计算机时代之初，人们对计算机抱有很高的期望，以为它很快将会拥有许多与人类相同的认知能力。人工智能之父之一赫伯特·西蒙（Herbert Simon）在 1965 年预测：“在 20 年内，机器将有能力

完成人类可胜任的任何工作。”当然，现在看来这个预测太离谱了。

我们认识到，有些人类的大脑认知功能比其他功能更难让计算机学会。让我们感到奇怪的是，人类觉得容易做的任务往往对机器来说很困难，而对机器来说很容易完成的任务往往会让人类觉得很困难。比如，幼儿在两三岁时便能够学会用杯子喝水，和狗狗一起打滚或者识别出童话故事中的坏蛋，但这些对机器而言则非常具有挑战性。如今，计算机可以打败国际象棋世界冠军，但由于机器的视觉功能及相关领域仍处于原始状态，因此我们还没有发明出可以把碗碟装入洗碗机的家务机器人。

为什么人和机器的差别会是这样的呢？生物学计算是否存在某些特殊之处，使人类在某些方面非常卓越？人类的这些大脑功能能否被计算机复制？冒着过度简化人类演化史的风险，人们对这个问题的不同解答引发了两种截然不同的研究方法。一方面，认为大脑没有什么特殊之处的人继续采用所谓的经典人工智能方法。另一方面，有些研究者相信大脑计算的方式正是让人类更胜一筹的原因，只有根据相同的原理构建出计算引擎，才能让机器拥有真实有机体的能力。持有后一种观点的研究者最终通向了连接主义领域的神经网络与机器学习之路。

尽管神经网络的源头可以追溯到20世纪50年代甚至更远，但我们可以方便地把这个领域的现代“文艺复兴”确定在1986年，即鲁梅哈特（Rumelhart）和麦克莱兰（McClelland）有关“并行分布式加工”的书籍出版的时候。“并行分布式加工”这一观点的主要内容是：大脑计算的主要特点是平行和分布。许多简单的求和节点神经元取代了计算机单一的中央处理器（CPU）。这些计算被储存在了神经连接矩阵中，编程被学习算法取代了。研究者称：“并行分布式加工法能够解决经典人工智能法不能解决的问题。”

尽管神经网络和机器学习被证明在完成特定种类的任务时非常有效，但它们并没有缩小人工智能与生物智能之间的差距，除了在一些非常狭窄的领域，比如在光学字符识别领域中。难道是我们遗漏了什么吗？有一种可能性是，即使是神经网络也还不够“生物性”。例如，在有关并行分布式加工的论文中，我探讨了为神经网络求和节点赋予更多复杂性的可能，比如为神经元精细复杂的树突树提供复杂性，这会从本质上提升这些计算网络的效力。但是这种优势只是数量上的，提高特定种类的生物保真性几乎不会让我们如愿地缩小计算机与生物之间的差距。另一种更流行的观点是，我们需要发展更复杂的学习算法。确实，一开始作为神经网络领域一流会议之一的神经信息处理系统会议（Conference and Workshop on Neural Information Processing Systems）很快发展为几乎只聚焦于机器学习的会议了。但迄今为止，研究者在机器学习方面几十年的研究并不足以破解人类大脑。

如何让人工智能追上生物智能

如何让人工智能追上生物智能呢？此刻，我必须认真对待这样的可能性：更接近生物现实的网络或更好的学习算法都解答不了这个问题。相反，生物有机体能够非常有效地进行某种计算，因为它们发展出了一套高度专门化的最优算法，它们有一个“技巧锦囊”。这些技巧能够让它们应对许多特殊情况和意外，这就要求算法在现实世界中的各种情境下都是有效的。希望用一套统一的原理来解释生物计算的理论学家十分反感这个观点。然而，考虑到有机体承受了几亿年的进化压力才进化出了有效的“技巧锦囊”，那么上述观点或许是明智的。大脑可能像盖瑞·马库斯所说的，是一个“拼凑起来的系统”，它通过笨拙也不简洁的方式来完成任务，毫无美感。

技巧锦囊的存在假设并没有否定生物有机体通用算法的必要性，只暗示了通用算法是不充分的。即使业余魔术师手里握有最好的技巧锦囊，他也表演不出好魔术。同样，作为搜索引擎，谷歌成功的核心在于它的网页级别算法，这种算法会根据指向网页链接的数量和质量来安排网页的等级。谷歌目前在搜索方面出类拔萃的原因在于它精心选择的 200 多个“技巧”，比如页面的时效性和用户的地理位置等。技巧锦囊的假设提出了这样一种可能性，即生物智能或许代表了人类“训练集”的精华，它们是人类几亿年进化过程中无数祖先历经生死的经验传承。人类的训练集太小了，即使是最复杂的学习算法也无法发现它们。

我很不情愿把技巧锦囊看成生物智能始终胜过人工智能的原因，因为这就暗示着不存在能够揭示大脑工作原理的伟大发现。相反，技巧锦囊的模型显示，如果我们想制作出在解决某些现实世界的问题上表现良好的机器，那么我们就必须分析生物智能使用的技巧，或者发明我们自己的技巧。单个神经元层面上的连接组能够为我们提供反向设计大脑所需的信息。

这里有个好消息是，制作机器所需的工具和技巧几乎就在我们能力所及的范围内。

为了洞悉生物智能，我们需要研究大脑新皮层。大家普遍认为新皮层是赋予人类智能的组织结构。新皮层是哺乳动物所独有的，而灵长类动物，尤其是人类的新皮层最为精巧复杂。所有哺乳动物的大脑的新皮层的基本结构具有很大程度的相似性，因此啮齿类动物的一块新皮层与猴子相应部分的新皮层看起来并没有很大不同。在同一个有机体中，新皮层结构相当一致，因此一小块与加工声音有关的新皮层与另一块加工触觉的新皮层没有什么太大差异。

基于这些思考，研究者认为大脑新皮层是模块化的结构。兽孔目爬行动物似乎进化出了新皮层以完成生存中非常具有挑战性的任务。从行为更加灵活、有了环境适应性的角度来说，假定拥有更大的大脑能够赋予有机体进化优势；但从进化的角度看，在神经回路中增加新神经元的必要性似乎并不那么明显。因为适合小回路的组织架构不一定适合大回路。全部对全部的连接会使神经元的数量翻一番。例如，10 个神经元之间全部对全部的连接仅需要 100 个连接，而在 100 万个神经元组成的回路中，连接的数量将达到 10 000 亿个，而随着神经元数量的增加，这很快就会变得不切实际。另外，模块化有助于解决大脑布线的发展问题。在某些有机体中，比如秀丽隐杆线虫的整个神经回路包含 302 个神经元，大约 7 000 个突触，它的神经回路是由基因组精确限定的，但在基因组中明确规定每一个连接就变得不切实际了，因为规定所有连接所需的节点超过了基因组中的节点。

我们通常认为，基础的新皮层模块是相同的新皮层柱，即垂直排列的皮层神经元集合。它们对感觉输入会做出相似的反应。然而，了解新皮层模块不仅需要我们了解新皮层柱内的局部回路，还需要了解模块的输入和输出。给定的新皮层区域不仅与其他新皮层区域紧密相关，而且与其他结构也有联系，比如丘脑和纹状体。

新皮层结构的模块化使我们有望搞明白生物智能。我们的目标应该是了解新皮层模块的基本组织结构，以及它与其他模块的连接方式。我们还要了解其他脑区的模块是如何履行特定功能的。大部分或全部新皮层模块具有相同的皮层架构，这可能反映了新皮层算法共享的结构，而仅在专门化的皮层中才有的回路则可能反映了加工特定类型信息所需的特殊技巧。了解新皮层的这些基本组织原则，将会为我们破译技巧锦囊提供依据。从这个观点来看，皮层不需要任何本质上的特殊性。相反，了解它只是破译技巧锦囊的先决条件。同样，学习 FORTRAN 语言是学习许多有助于数值分析的算法的先决条件。数值分析就是在 C 语言或其他语言中能够被反复执行的算法。一旦我们弄明白了新皮层计算的基本原则，便要确信自己可以在人造硅大脑中再次进行这些计算了。

为了反向设计生物智能，我们必须了解特定的神经回路是如何定义良好这一问题的。如今，我们实施这类研究的典型有机体是小鼠。小鼠具有遗传学上的可获得性，这让我们能够对其采用现代分子生物学的全部设备。小鼠能够通过训练学会复杂的感觉运动任务，这类似于使用非人类的灵长类动物做实验。而且，运用双光子钙成像技术（见主题 1 中的第 2 章），我们可以同时监控几百或上千个神经元的活动。一些其他方法，比如美国西北大学的康拉德·科尔丁（Konrad Körding）和乔治·丘奇提出的 DNA 记录显示带（DNA ticker tape），借助它我们便有可能记录更多神经元的活动。这样，我们就有可能记录并操纵正在活动的动物，而这类活动需要特定的大脑计算。

揭示回路详尽的布线情况，即连接组的技术目前还比较落后，我们现在只能依靠显微镜技术。然而，显微镜技术非常不适合研究神经连接，因为大脑属于宏观结构，而毫无歧义地确定突触连接需要使用电子显微镜。到目前为止，我们已经确立了秀丽隐杆线虫的完整连接组。确定这么简单的连接组，即 302 个神经元被大约 7 000 个突触连接起来依然是一个了不起的壮举，它使 50 个人花了数年辛苦工作。

用电子显微镜重建连接组面临两个重要的挑战。基于电子显微镜的重建需要我们对非常薄的、大约 10 纳米的二维大脑组织切片进行成像，然后将连续的切片排列起来，从中推导出三维结构。第一个挑战在于，获得数据非常困难。传统的电子显微镜方法既不具备必要的通量，也不准确。即使缺失几个切片也会严重影响重建任务，而且必须具备极其可靠的切片方法。第二个挑战就是分析数据。从二维切片推导三维结构，需要在每个连续成像中匹配相应的神经元结构。因此为了追踪 1 毫米的轴突活动，我们便需要追踪大约 10^5 个切片中的轴突。一个切片中的错误便有可能使某个轴突活动被归入错误的细胞体。尽管在改进电子显微镜技术的通量和准确性上，我们最近取得了显著的进步，但将它用于连接组学来说依然是一个挑战，尤其是当研究长距离的连接时，比如研究丘脑、纹状体和其他皮层区域之间的连接时。

然而，受制于单个神经元的分辨率，解析连接组目前还没有其他可以替代电子显微镜技术的方法。

新的挑战：单个神经元连接条形码

为了应对电子显微镜技术带来的巨大挑战，我们实验室正在开发一种全新的方法，即单个神经元连接条形码（Barcoding of Individual Neuronal Connections，BOINC）。

大脑新趋势
THE FUTURE OF THE BRAIN

单个神经元连接条形码技术依靠的是高通量 DNA 测序。这项技术最初是为了对人类和其他有机体进行基因组测序研发的。使用这种测序方法的好处在于，它的价格下降了很多：现在对整个人类基因组，即大约 30 亿个核苷酸进行测序只需要花费 1 000 多美元。在 2007 年时，其费用为 100 万美元。在 2001 年，人类基因组项目为此花费了 20 亿美元。摩尔定律提出，计算机的计算能力每两年会翻一番，测序成本的下跌速度甚至超过了摩尔定律。DNA 测序技术之前没有被用于连接组学，但我们想，如果能把神经连接转化为测序问题，那么这种成本较低的技术就具有了可用性。

为了把神经连接转化为测序问题，我们尝试了几种策略，但所有的单个神经元连接条形码法都必须应对 3 个挑战。第一，我们必须表达不同大脑中每个神经元独特的 DNA 序列，即 DNA 的“条形码”。DNA 是由 4 种核苷酸 A、T、G、C 组成的长链，包含 30 个核苷酸的随机长链条形码可

以标记 $4^{30}=10^{18}$ 个神经元，这个数字远远超过了小鼠皮层中神经元的数量。这样，绝大多数的神经元都会有独一无二的条形码。第二，我们必须诱导由突触连接起来的每个神经元与它的同伴神经元共享条形码的副本。第三，我们需要把突触前条形码和突触后的条形码连接成适合高通量 DNA 测序的单一模块。成对连接的突触前条形码和突触后条形码说明了两个神经元被连接在了一起。因此，通过观察成对的条形码，我们就能直截了当地知道连接矩阵中有哪些神经元。

我们面临的第一个挑战是，给神经元设置条形码。最快的解决方法是制造转基因小鼠，在小鼠体内设置一个基因组暗盒，即被插入染色体已知位置的特定序列：它们会被随机混杂在每个神经元中。基因组暗盒包含特定的 DNA 短序列，被称为“重组酶点”S，它从一侧对序列 X_1，X_2，…，X_N 进行干预，其中 X 被用来表示核苷酸组成的短序列，比如 X=AAGGCCCCATTA。经过改造的转基因小鼠还能短暂表达一种特殊的蛋白质，即“重组酶”，它会把一对重组酶点之间的 DNA 颠倒过来。这样某个神经元中最初的序列 S X_1 S X_2 S X_3 S 可能被打乱，形成 S x_3 S X_1 S x_2 S 这样的序列，其中小写字母表示被颠倒的序列，在这个例子中 x=ATTACCCCGGAA。在另一个神经元中，这种扰乱可能会产生序列 S X_2 S x_3 S X_1 S。通过这种方法得到的理论多样性 D 会随着干预序列 N 的增加而迅速增加，$D=2^N N!$。这就像序列数 N 在玩纸牌，假定除了能洗牌之外，还可以被翻成正面朝上或朝下。尽管这种重新组合或打乱看起来异想天开，但它其实是对脊椎动物免疫系统中的抗体多样性的类比。重新组合则解决了如何赋予每个细胞独特的序列问题，因为所有细胞都源自一个受精卵。在默认情况下，它们具有完全相同的基因。

我们面临的第二个挑战是，在由突触连接的两个神经元之间分享条形码。我们之前基于伪狂犬病病毒提出了一种解决方法。伪狂犬病病毒属于疱疹病毒，像所有的病毒一样，在本质上是遗传物质包裹着一层蛋白质外衣。

然而，与大多数病毒不同的是，伪狂犬病病毒在神经元之间的间隙繁殖。伪狂犬病病毒通过这种繁殖方式避开免疫系统的监控，潜藏在神经元中。由于伪狂犬病病毒在突触间的传播非常快，因此神经科学家长期以来用它追踪神经回路。追踪研究通常用的是一种减毒形式的伪狂犬病病毒，它只在逆行方向上繁殖。利用单个神经元连接条形码法，我们对伪狂犬病病毒中的遗传物质进行了改造。我们增加了一个条形码，因此神经元会把条形码传递给通过突触与它连接在一起的同伴神经元。这样，每个神经元便成了一个条形码包，里面装着它自己的条形码副本，还有与它通过突触连接起来的同伴神经元的条形码。

我们面临的第三个挑战是，在神经元中将条形码连起来。为了实现这个目标，我们表达了一种特定的蛋白质，即整合酶。就像前文描述的使 DNA 颠倒顺序的重组酶一样，整合酶也通过成对的整合酶点来起作用。然而，整合酶不可逆地将 DNA 连接起来，将两个 DNA 合成一个。通过确定整合酶点旁侧条形码序列的位置，便可以知道这个 DNA 片段包含两个条形码。我们可以用传统的方法将这个 DNA 片段放大，然后进行高通量的测序。

相对于电子显微镜，单个神经元连接条形码法有两个重要的优势。第一，它比电子显微镜便宜很多。鉴于目前的成本，对具有不到 10^7 个神经元和大约 10^{10} 个突触的小鼠皮层进行测序，需要花费几周的时间和大约 10 000 美元。随着测序技术的发展，花费的时间和成本还会进一步降低。第二，单个神经元连接条形码法特别适合研究远程投射，因为出错率不会随着投射长度的增加而增加。单个神经元连接条形码法不仅可以被用来研究皮层模块中的局部回路，还可以用来研究远程连接。

形式最简单的单个神经元连接条形码法存在两个局限：（1）这种方法没有对空间的自然表征，因此条形码无法提供它在回路中的空间位置信息，我们无法知道它是在听觉皮层中还是在视皮层中；（2）这种方法没有细胞类型的自然表征，因此条形码无法提供相关神经元是兴奋性的还是抑制性的信息。第一个问题的解决方法是，在提取核苷酸条形码之前，追踪条形码在分解时获得的脑区信息。使用这种方法时，空间分辨率为 100 微米或更低，足以将每个条形码分配到确定的解剖区域。第二个问题的解决方法是，不仅给突触连接设置条形码，而且还要给指定神经元相关的转录组设置条形码。转录组是信使 RNA 转录物的集合，它将细胞的 DNA 与它所表达的蛋白质结合在一起。这些信使 RNA 能够确定神经元是兴奋性的还是抑制性的，并且还能提供其他信息，比如神经元所在的皮层。因此，我们设想出了一个连接矩阵，其中与每个神经元条形码相连的是一些额外的信息，这些信息规定了神经元在回路中的位置及特性。

如果有一种方法既便宜又能快速破解神经元回路的地图或者整个有机体的大脑地图，那么它就能够对神经科学的研究产生深远的影响。科学家认为许多神经性精神病，比如孤独症和精神分裂症，源自遭到破坏的神经元连接。但就目前的技术来说，即使确定小鼠大脑内的这种破坏也依然是一个巨大的挑战。更重要的是，神经元地图的知识将为我们了解神经元的功能和发展提供基础，就像完整的基因组序列的知识为后基因组时代的现代生物学研究提供了支撑一样。尽管单个神经元连接条形码法可能无法解析大脑，但它一定会让我们离目标更近一步。

05 罗塞塔大脑

乔治·丘奇（George Church）

美国哈佛大学医学院遗传学教授，基因工程领域领袖，分子工程师和化学家。创立了第一家向个人提供完整基因组序列的公司，一直是诺贝尔奖的热门人选

亚当·马布尔斯通（Adam Marblestone）、雷萨·卡尔霍（Reza Kalhor）合著

大脑的多层次复杂性

就像许多生物系统一样，我们对大脑的研究越多，便发现它越复杂。首先，神经元聚集在三维矩阵中，密度能达到每立方毫米的脑组织中包含 10 万个神经元和 9 亿个突触连接。另外，从功能上看，神经元具有几百甚至几千种不同的类型，每一种都有着独特的结构和分子特性。

突触连接可以是兴奋性的或者抑制性的，它可以用 100 多种不同的神经递质分子来传递信息。一段时间后，这些连接的强度会改变，会断裂并重组，甚至能够改变自己使用哪种神经递质来做出反应。此外，气态信使能够精准地透过细胞膜，与远程的电活动相互作用，使得神经元能超越化学突触和电突触进行通信。

神经元还不是最复杂的，其他细胞，比如胶质细胞，过去曾被认为是支持新陈代谢的基础结构，现在大家认为它在动态的信息加工过程中发挥着重要作用。例如，神经元把突触搭建到胶质细胞上，胶质细胞释放出神经递质，神经递质调节着相邻神经元之间的信息流。

更深入地说，每个细胞，无论是神经元、胶质细胞或者其他细胞都由一个自我构建的分子机器网络构成，分子机器的动力不仅被用于构建电化学计算要素——神经元，还被用于动态地存储和操纵遗传逻辑回路和突触蛋白质组件中的信息。

在儿童大脑发育和学习期间，比较不规整、缺乏结构性的大脑会进行自我组织。如果我们知道了大脑支配自我组织时的规则，便能开始了解在不同的规模和不同类型的神经计算中，大脑复杂性的哪些方面是有意义的，以及哪些是没有意义的。我们很可能会发现大脑的复杂性在不断增加，而我们对大脑和心智背后的原理也有了更多的了解。这样我们就知道应该寻找什么、应该期待什么。对于目前的神经科学来说，这就像“先有鸡还是先有蛋的问题”。为了了解大脑可能隐藏的简单性，进而治疗大脑的疾病或者建立高带宽脑机接口，我们必须更全面地研究大脑的复杂性。

全面绘制大脑地图和建模的方法

近期启动的大规模神经科学项目主要集中在三个方面：第一，描绘哪些神经元通过突触与其他神经元相连接的连接组学；第二，描绘大脑活动，即观察“突触高速路”上的电“交通”；第三，大规模大脑模拟，即整合神经科学各个领域的数据，构建可以与实验相媲美的生物物理学方面的现实模型。虽然每个项目都非常有价值，但相对于大脑多维度的复杂性，任何一个单独的项目都无法与之相匹配。此外，我们没有明确的方法可以将这些项目整合起来，即使有，实际操作起来也很困难，因为每个项目都存在其他项目无法填补的缺陷。

例如，没有描述连接组的脑活动图谱虽然能让我们知道神经网络中发生了什么，但不足以重构出相应的神经回路。连接组学能够让我们了解神经回路的架构，但不一定能确定突触是兴奋性的还是抑制性的。而且，它只表征了大脑静态的情况，最初构建神经回路时的发展规则和可塑性依然是一个谜。虽然知道不同时点的许多连接组对研究有帮助，但这很难在同一个动物的大脑中实现。模拟就是把各种类型的信息整合成可以与实验媲美的预测模型，它比神经活动图谱和连接组更全面，但这些模拟的约束太不充分，无法反映大脑功能性结构的重要方面。

“适当的”数据集看起来是什么样的

在对大脑的复杂性感到绝望并彻底放弃研究之前，我们要问一个孩子气的问题：无论研究的可行性如何，能够有助于我们理解大脑生物层面的结构连接和功能连接，从而形成一个整合系统的理想数据集应该是什么样的？

在最低程度上，我们可以观察同一个大脑在如上所述所有层面中呈现的信息。我们首先可以想象一个理想的实验，它能够报告：

- 细胞类型；
- 神经连接；
- 连接的力量和类型；
- 大脑发展谱系；
- 一段时间内电活动模式的历史；
- 一段时间内分子改变的过程。

大脑新趋势
THE FUTURE OF THE BRAIN

为了想象这个数据集能表征什么，我们采用一个不同领域的类比。罗塞塔石碑重约 770 千克，碑文同时用 3 种文字上下对应着刻成，它用古埃及的象形文字、古希腊文和世俗体文字向托勒密五世致敬。由于石碑同时用三种不同的文字呈现相同的内容，其中两种语言已知，另一种未知，因此它就成了解读已经失传千余年的古埃及象形文字的关键资料。与石碑类似，罗塞塔大脑传递了多个现象学层面的信息，我们可以对这些层面直接进行比较，准确性达到了单个细胞的程度。这样罗塞塔大脑中的每个神经元不仅能报告自己的电活动模式和连接，还能报告自己的发展谱系。

把问题抽象化

在本文接下来的部分，我们提出了一种将所有想象变得可能的方法。我们希望从罗塞塔大脑不同层面上获得的观察数据最终用于标记和计算。例如，连接组位于巨大的矩阵核心，规定了细胞 X 是否与细胞 Y 存在突触连接，其中，细胞 X 和细胞 Y 可以是 1 亿个神经元中的任何一个。正如安东尼·扎多尔和他的同事在有关连接组测序的文章中提出的，如果每个细胞都有一个独特的名字串，我们不妨把它看成细胞的身份证或条形码，那么对于每一个名字串，我们只需要问：

（1 号名字串，2 号名字串……）

是否在已知连接的清单里？以确定相应的突触连接是否存在。

从概念上看，神经元的发展谱系同样很简单：只是给每个细胞一个独特的条形码。这样，拥有细胞 X 的子代就具有了以下形式的条形码：

子代（细胞 X 的条形码）

而这些细胞的子代具有以下的条形码：

子代［子代（细胞 X 的条形码）］

依此类推。

早些时候，卡米洛·高尔基和圣地亚哥·拉蒙－卡哈尔通过显微镜对轴突和树突进行了观察，尽管许多神经细胞的类型在传统上是由复杂的轴突与树突形态界定的，但细胞类型也可以由不连续的计数过程来确定。身体中的所有细胞共享着相同的基因组，它们之间的差异源自基因表达的不同水平。我们从分子生物学的中心法则中知道，造成遗传上完全一致的细胞存在表现型差异的基因表达过程如下：

DNA →（转录）信使 RNA →（翻译）蛋白质

因此，通过计算细胞中信使 RNA 的数目，我们便能确定细胞的类型。

在细胞中追踪分子表达的历史也是如此。例如，为了观察伴随着学习与记忆的基因表达的变化，研究者除了需要数出分子的数量，还要用时间印章标记这些分子，而时间印章就是代表当下时间的数字串。这个过程类似于杂货店记录所售商品的方式：每当商品在收银台被扫描条形码时，时间便被记录下来，这时带有时间印章的条形码就进入了数据库。

如何借此计算神经连接的强度和类型，并没有一个显而易见的答案，但从原理上看，通过计算突触两端不同蛋白质的丰度我们可以进行推断，神经递质受体的分布和其他突触蛋白质最终决定了突触的性质。进一步影响连接强度的变量是由细胞 X 发射到细胞 Y 上的不同突触的数量，它反映了轴突终末到树突棘的联系。因此，计算突触的数量能够粗略地指示出连接的强度。

如果我们能够触及罗塞塔大脑的另一个层次——电活动历史，那便还有另一种确定连接强度的方法。如果我们能够记录下细胞 X 和细胞 Y 的时间分辨率足够高的电活动历史，那么在这些时间痕迹中，我们会“看到”在某些时刻来自细胞 X 的电冲动通过突触被传递到细胞 Y，不久之后引发了细胞 Y 中的电冲动。电冲动是细胞 Y 与来自其他许多细胞的输入联合产生的，这些细胞都通过突触与细胞 Y 连接。通过追踪电冲动在网络中传递的统计数字和相对时序，我们能够确定每一对神经元之间的有效“功能连接”。通过将功能连接的信息与解剖结构的连接矩阵信息结合在一起，我们便有可能计算出突触连接着的两个相邻细胞之间的突触强度。实际上，通过将足够丰富、数据过剩、相互联系的数据集结合起来，我们有可能填补任何一个这类数据集中的“空洞”。尽管这会导致重要的统计难题，但在通过最小神经回路中的活动来重建解剖结构方面，我们已经取得了进步。

序列空间：与大脑相匹配的指数级资源

我们在概念上把构建罗塞塔大脑简化成了大量复制一个简单的操作：读取并数出“条形码”或“标记”的数量。我们已经看到，如果每个细胞、每个突触或每个分子都能拥有独一无二的“条形码”，并且这个“条形码”还带有时间印章，那么通过记录“条形码”的数量并将它们与对细胞电活动历史的独立测量数据联系起来，我们便有可能推导出有关大脑结构与动力学的大量论断。但是我们该如何在亚细胞层面制作并读取“条形码”呢？

这个时候就需要DNA了。尽管学校里的教学内容告诉我们，DNA是细胞存储基因组的媒介，但DNA作为信息存储模块的能力远远不止这些。DNA分子可以是由4个化学字母A、T、C、G排列组成的任何序列，比如ATATAGATAGATCACCCAGAAGATAGGAT便是一个DNA链。DNA可以存储任何序列，不一定只存储现存有机体的基因组所使用的生物图谱。这个观察结果对科学与技术的许多领域具有惊人的影响力，因为它提供了将信息技术扩展到分子层面并与生物系统相结合的策略。

与此同时，测序技术在学术界与工业中的发展使它的性价比发展轨迹超出了摩尔定律的速度。摩尔定律是支配硅晶体微处理器技术发展的定律，在仅仅20年中，微处理器技术从“大哥大”发展到了“谷歌眼镜”。摩尔定律的许多概念也适用于DNA合成，现在DNA合成技术处在类似的发展轨迹上。现在我们已经可以轻松地在DNA上读取或写入信息了，这是史无前例的。最近，研究者用2 012个DNA对《复活》这本书的文本进行了编码，之后还进行了读取。

假设有一条由25个脱氧核苷酸组成的DNA链，那么我们如何将相同长度的不同DNA序列的数量，与大脑中突触的数量进行比较呢？

25个脱氧核苷酸组成的DNA序列数 $=4^{25}$
人类大脑中的突触数 $=10^{14}\sim 4^{23}$

因此，25个脱氧核苷酸组成的DNA序列数量是人类大脑中突触数量的近100倍。此外，我们很容易对 4^{25} 种可能的DNA序列进行检验，把A、T、C、G这4个字母互相混合、相互作用，可以形成所有的两两组合，比如AA、AT、AC、AG、TA、TT、TC、TG、CA、CT、CC、CG、GT、GA、GC、GG。在这项组合中加入4种脱氧核苷酸，便形成了各种三元组。按照上面这样重复25次，就有了所有由25个脱氧核苷酸组成的DNA序列。

现在我们拿着装有许多这类随机 DNA 序列副本的试管，且将其称为“DNA 条形码”，它们由 40 个脱氧核苷酸组成。假设可以把这样一个序列随机插入小鼠大脑中大约 10^8 个神经元里，那么出现两个具有相同条形码的小鼠神经元的可能性有多大？从数学角度看，这个问题等同于著名的“生日问题”：在 k 个人中，两个人生日相同的概率是多少，假设一年中有 $n=365$ 天。在这里 $k=10^8$，而 $n=4^{40}$。在这种情况下，两个神经元具有相同 DNA 条形码的可能性小于 1∶10^{11} 亿。

通过给小鼠大脑中每个神经元分配一个随机的 DNA 条形码，我们便给每个神经元设定了一个独一无二的标记。与之类似，完成罗塞塔大脑所需的标记和计数的诀窍在于，尽可能多地编码 DNA 信息。但是在实践中，我们该怎样在大脑完好无损的情况下读取这些 DNA 序列呢？

原位测序：解读罗塞塔大脑的关键工具

当我们对 DNA 进行测序时，它通常是自由散布在试管中清澈液体里的分子。我们把试管放入机器，便产生了一行行 DNA 字母组成的长长的文本文件，以及相应的元数据。

我们描述的项目需要在大脑切片中进行类似的测试。在测序机器中，DNA 分子被随机地放在玻璃平板上，就像是在显微镜的载玻片上似的，然后它们会被固定在适当的位置。之后，用来制造 DNA 副本的 DNA 聚合酶会被添加到化学反应中。DNA 聚合酶用自由漂浮的字母 A、T、C、G 构建出 DNA 链的副本，它会将许多相同的 DNA 分子副本带到表面，这些副本被困在某处，在某点上形成一簇或一群相同的 DNA 分子，这时我们可以在显微镜下看到它们。如此，另一个 DNA 副本便形成了，这个时候，我们会采用化学的方法让 A、T、C、G 这 4 种脱氧核苷酸都附带着不同颜色的荧光染料：A 是红色，T 是绿色，C 是黄色，G 是蓝色。这样当 DNA 聚合酶制造 DNA 链副本时，DNA 字母会沿着链一个接一个地移动，当红色的 A 被加入链时，DNA 分子群便会显现出红色，其他 3 种也类似。通过记录各点上颜色的变化，测序机器便能同时读出整个玻璃表面上的 DNA 分子序列（见图 5-1）。这个测序机器实际上是一个显微镜加一些在适当时候能够吸入 A、T、C、G 和聚合酶的生产线。通过这种方式进行 DNA 测序可以让测序技术变得比较便宜，因为显微镜能够让我们在同一表面的不同位置同时看到许多被染色的点。

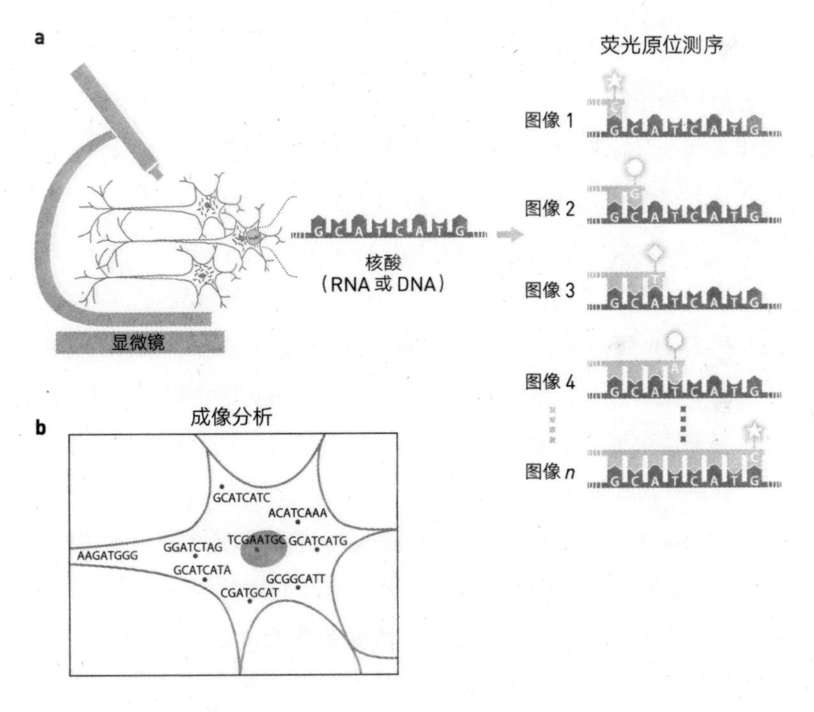

a. 通过合成测序，聚合酶将荧光 DNA 字母加入不断增长的 DNA 链中，显微镜记录下 DNA 各点上颜色的改变。每个点由单个“母”分子的许多副本构成。
b. 由此形成了一系列被标记的点，每个点的标记就是相应的序列。

图 5-1　荧光原位测序

取出已经死亡的动物的大脑并把它切成几乎透明的薄片，这样便能用显微镜看透每一片脑组织了。我们首先会用化学物质处理脑组织，这样它便不会随着时间而退化，这对机械要求很严格。接下来，不是对干净玻璃平板上的 DNA 链进行测序，而是用显微镜对大脑切片中已有的 DNA 或 RNA 链进行测序。我们把这种新技术称为荧光原位测序（Fluorescent In Situ Sequencing，FISSEQ），因为它是用荧光显微镜对“原位的”，也就是对完好大脑组织切片中被染色的脱氧核苷酸进行测序。

用原位测序来确定细胞类型、DNA 连接和谱系

随着原位测序技术的不断改进，我们创建“带注释的连接组”的手段将会变得非常强大。换种方式来说，带注释的连接组就是大脑图谱，我们会知道每一个神经元的细胞类型。为了做到这一点，需要 3 样东西：

- 把独一无二的 DNA“条形码”发送到每个神经元上。使用随机 DNA 序列法，借助经过基因改造的无害病毒可以把随机 DNA 序列运送到每个神经元上，插入它的基因组中。
- 与特定突触紧紧相伴的荧光标记。借助它，我们能透过显微镜看到突触的位置。
- 高空间分辨率的原位测序显微镜。因为突触排列得非常紧密，只有少量可见光的波长能够介入它们之间的缝隙中，这或许要求我们使用“超级解析版”的光学显微镜。

为了确定连接，我们可以通过显微镜查找突触的位置，用原位测序来读取突触两边的“条形码”。这样就能知道哪个细胞“条形码”与通过突触连接的另一个细胞的“条形码”是相匹配的。更复杂、尖端的方法可以参考主题 1 中的第 4 章。在扎多尔的方法中，使用病毒在突触连接的两个神经元

之间运送 DNA“条形码”，这使得我们可以用成本比较低廉的 DNA 测序技术来读出连接组。另外，通过使用原位测序技术在显微镜中对“条形码”直接进行测序，我们就不需要使用突触在细胞间运送“条形码”了。

为了确定细胞类型并对其注释，可以直接对每个细胞中的信使 RNA 采用原位测序法，这能为我们提供细胞基因表达的“概况”或“模式”，因为它们是细胞类型很好的指示物。除了细胞类型之外，为了确定细胞谱系，我们需要 DNA“条形码”在每次细胞分裂时稍微有些改变。通过追踪这些微小的改变，我们便能确定每个细胞的“家族树”。这类似于研究者已经采用 DNA 测序来确定人类家族的家谱，只是它应用在一个大脑中的不同细胞上。

采用比标准的光学显微镜分辨率大约高 100 倍的电显微镜方法，同样能够将功能研究与细致的回路连接研究结合起来。在这些采用电子显微镜的方法中，突触连接与细胞类型要通过高分辨率的显微镜成像来推断，因为电显微镜不太容易将多种颜色的报告分子与 DNA 测序结合起来。由于电子显微镜只能在一大堆成像和突触连接中跨越长距离地追踪轴突，而细胞结构必须从高分辨率的图像数据中推导出来，因此这种方法比较有挑战性。这样做就需要把大脑切成微米级的薄片，这意味着，所需的 3 个维度的数据密度都要比通过光学方法得到的高。正如苍蝇和小鼠视网膜完整神经回路重建项目所显示的，电子显微镜连接组学非常有效力，而且我们在硬件和图像分析上也取得了很多进步。然而，由于 DNA 具有指数级的信息编码能力，而且可以通过测序简单地读出信息，因此我们认为，罗塞塔原位测序方法能够起到补充作用，尤其是它能够自然地整合多种形式的数据。

用免疫显微技术确定突触强度

到目前为止，我们还没有详细说明确定突触强度和突触类型的好方法。所幸，采用与原位测序中相同的显微技术，我们可以利用来自免疫系统的抗体来标记突触蛋白质。免疫显微技术依靠的是抗体染色方法这种特殊形式的分子识别法，会将特定颜色与特定突触蛋白质绑定在一起。突触蛋白质的分布是突触强度和突触类型的指示器，因此我们可以将这种方法与原位测序结合起来，进一步用突触参数来注释连接组。我们甚至可以通过连接 DNA 链与特定的抗体，将这种抗体染色方法与原位测序结合起来。这样我们就能够同时读出 4^n 种颜色，而不只是 4 种颜色。

可以在 DNA 中编入神经元电活动吗

我们是否有可能从原位 DNA 测序中读出与时间有关的现象，也就是每个神经元中最重要、变化也最快的电活动呢？尽管听起来好像不太可能绘制出动态细胞活动与静态 DNA 链之间的地图，但我们预测至少存在一种可以实现的方法。

请再次想象 DNA 聚合酶复制一条 DNA 长链的情况。为了达到目的，DNA 聚合酶从链的一端忙到另一端，有效地读出了沿着链的每一个脱氧核苷酸的特性，然后从溶液中抓取互补脱氧核苷酸，在代表副本的长链中形成下一个碱基对。现在想象一下，我们能够短时间“搅乱”这个复制过程，这样它就会出错，DNA 链中就出现了错误的字母。如果我们知道聚合酶什么时候从一段开始复制，那么我们便能通过查看错误出现的位置来大致追踪出这种扰乱是什么时候发生的。如果扰乱发生得比较晚，那么聚合酶就会在链上比较远的地方，大量错误也会出现在离起始端较远的地方。

现在想象一下，如果我们能根据瞬间的电活动水平来让聚合酶制造出更多或更少的复制错误，那么 DNA 链上的错误模式便像“电传打字机的纸带”一样，可以记录下一段时间里神经元电活动的模式（见图 5-2）。实现这个设想的潜在方法基于一个事实，即当神经元电活动发生时，钙离子会突然闯入细胞内。这些钙离子能够设法找到聚合酶，扰乱它的复制，导致错误发生。

尽管在实验室里运行这种分子纸带还需要克服许多挑战，但这个想法已经产生了比较容易执行的替代法，比如，在较慢的时间尺度上将事件记录到一个 DNA 存储媒介上，以备日后通过测序读出。这样我们便有可能将细胞中随时间变化的分子事件记录在静态的媒介 DNA 上，然后用原位测序读出这些历史。

有一点很重要，即使在这些技术出现之前，我们也可以用现有的方法读出少量细胞上的神经元电活动模式，比如用带电线的电机直接感知与神经冲动相关的电压。我们也可以对这些实验中使用的大脑进行罗塞塔原位测序，读出细胞结构与动力学的其他显著特征。

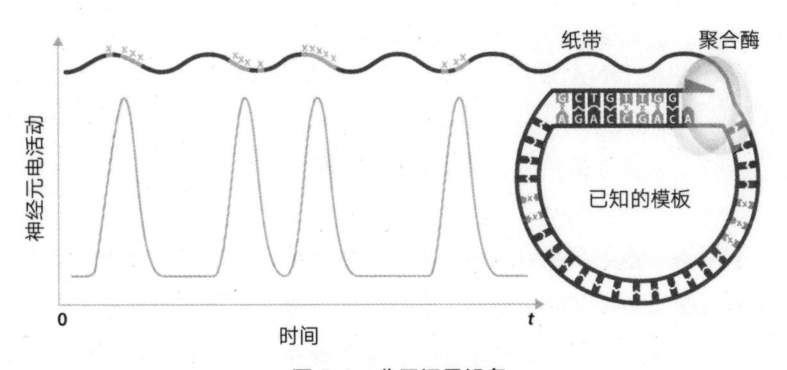

图 5-2　分子记录设备

注：神经元电活动期间穿过细胞膜的动态离子流，能够通过调节聚合酶制造的复制错误而被记录到 DNA 中。事后可以通过 DNA 测序来读出神经元电活动的历史，这样不需要外部设备就能实时地对每个神经元进行记录了。

罗塞塔大脑实验的架构

把上文介绍的这些方法综合到一起，我们可以想象出以下实验。

部分Ⅰ　有机体动物

- 发送适当的 DNA“条形码”或其他分子标记物；
- 对有机体动物做尽可能多的实验；
- 尽可能多地刺激它们；
- 通过传统方法实时地记录尽可能多的神经元电活动。

部分Ⅱ　原位测序

- 用化学物质处理大脑，将大脑切成几乎透明的薄片；
- 进行原位测序，对突触蛋白质进行原位显微镜观察；
- 在最后一步中，通过原位显微技术和原位测序，尽可能多地收集有关神经系统的信息，包括细胞类型、发展谱系条形码、连接组条形码、突触蛋白质的抗体染色，以及在分子纸带上显示的一系列神经元电活动数据。

大脑的未来

从罗塞塔大脑上获取大量互相关联的数据集只是第一步。我们应该让创建罗塞塔大脑变得足够简单容易，这样许多小型实验室便能制造它们自己的罗塞塔大脑，并在不同的实验条件下检验各种各样的影响与假设。我们应该比较动物之间的罗塞塔大脑，了解不同大脑的异同。我们还有可能采取系统化的方法，因为罗塞塔大脑是与假定的大规模大脑模拟进行比较的理想数据集。我们可以在真实的大脑中用这些系统的方法一次性解答很多问题，因为这在计算大脑模型中已成为可能。我们还可以探究每个变量与其他变量存在怎样的关系。

主题 2

计算

Computation

即使拥有了大脑中每个神经元、每个连接的图形，我们也只是完成了任务的一部分。美国的公路地图能给我们提供很多信息，它会清楚地显示出纽约和芝加哥是重要的交通枢纽，它还告诉我们公路有不同的等级，等等。但是，还有很多信息无法从地图中推导出来。对于有些器官，比如对于肝脏和鼻子来说，一旦知道了它们的组成部分，我们几乎马上就能了解它们，但大脑不属于这类器官，我们依然弄不懂它的运作原理。

一部分原因是大脑是一个计算器官。肝脏细胞的功能是清除毒素，鼻子的功能是过滤污染物，而神经细胞的功能是计算。研究的关键任务在于发现它们在计算什么。拿计算机做类比，这就好像我们在同时反向设计操作系统、软件、信息交换的协议与协定，比如USB，ASCII 代码和 TCP/IP 等。这项挑战是非常巨大的。

在本书的这一部分中，我们将看到一流研究者是如何应对理解大脑计算这个挑战的。让我们从迈－布里特·莫泽和爱德华·莫泽的研究开始。他们仔细分析了空间导航背后的神经回路，他们的研究提供了特定脑区解剖结构及生理特征与脑区所执行的计算之间的关系。这是我们希望神经科学在整个大脑研究中取得成就的范式。克里希纳·谢诺伊描述了数据分析的宗旨，其目的是观一木而见森林。如果一次只能分析一两个神经元，那么我们如何由此知道上千甚至上百万个神经元之间的相互作用呢？奥拉夫·斯波恩斯强调了大脑中大规模网络的作用，并提出它对自发性集体行为的数学运算能够提供重要的神经科学发现，它还可以提供解释大数据的框架。杰弗里·弗里曼描述了在神经科学领域涌现的大量数据。他解释了新技术会如何有助于我们处理这些数据，以及真正了解大脑需要的不只是知道如何处理这些数据。

06 通过网格细胞理解皮层

梅 - 布里特 · 莫泽（May-Britt Moser）和爱德华 · 莫泽（Edvard I. Moser）

2014 年诺贝尔生理学或医学奖的两位得主，均为挪威科技大学神经计算中心的心理学和神经科学教授

神经科学的终极目标之一是理解哺乳动物的大脑皮层。大脑皮层是覆盖在大脑半球最外面的一层神经组织，所有的哺乳动物都具有皮层，但在进化过程中，皮层的尺寸扩大了很多。在哺乳动物的大脑中，皮层生长出了许多褶皱，许多皮层表面被埋藏在深深的凹槽中，也就是脑沟和大脑纵裂。皮层是大多数动物认知与智力活动发生的地方，思考、计划、反思和想象都要依靠它。记忆被储存在皮层里，皮层还负责语言的解释与生成。此外，尽管所有哺乳动物都具有大脑皮层，但得到扩展的大脑结构被认为是人类心智能力大幅提升的基础。

我们能够理解皮层吗

皮层具有心智功能的神经基础是什么？论及解释皮层的外部界限，比如解释更高级大脑功能的神经基础时，皮层乍看起来是不可触及的。但是别忘了，皮层还执行着一些比较有形的操作，比如解释来自外部环境的感觉输入。皮层对感觉信号的解释长期以来被神经科学家作为理解皮层的窗口。例如，通过研究来自光感受器、听觉感受器或触觉感受器的信号是如何在大脑加工的早期阶段被表征到初级感觉皮层上的，神经科学家在描述和理解皮层的某些操作语言上已经取得了巨大的进步。

分析感觉皮层的一个重大突破，是科学家发现细胞会对视野中的局部特征做出选择性的反应。在 20 世纪 50 年代的一系列实验中，大卫·休伯尔和托斯滕·威塞尔证明，当特定方向的线段被呈现在视野中时，初级视皮层中的神经元会特异性地放电。这些细胞的线性感受野不同于视网膜和丘脑中加工早期阶段的圆形感受野。休伯尔和威塞尔证明，细胞具有不同的方向偏好，对来自左眼和右眼的输入具有不同偏好，尽管它们都排列成柱状，并且具有类似的功能特性。这些发现指向了初级视皮层中有关视觉计算的功能结构，提供了关于视觉输入在不同阶段如何被分解和重新组装，以及关于视皮层的不同部分具有不同功能的深刻见解。这些洞见都是史无前例的。他们的研究工作开启了神经科学的一个新时代。在这个新时代中，视皮层成了皮层计算的向导，它的影响力远远超出了对视觉机制的直接影响。在其他感觉系统中，研究者相继取得了不小的进步。我们开始认识到感觉在皮层回路层面上的编码具有多样性，就像视觉、听觉、触觉等感觉的多样性一样。

虽然研究者获得了有关皮层加工早期阶段的发现，即在这个阶段发生了第一次感觉输入的变形，但在接下来的层面上，即皮层更高级的高端皮层上，我们对大脑的工作原理几乎一无所知。然而，恰恰高端皮层可能是最富挑战性的认知操作发生的地方，比如产生想法、决策或复杂的记忆。高级皮层很难被理解的原因之一，是随着离感觉感受器距离的增加，神经元的放电便越来越与外部环境的特征无关。如此一来，我们很难通过外部环境来预测神经元的放电模式。在高级皮层部分，许多汇聚起来的感觉通道能够触发放电，而且与任何输入无关的内在过程也能触发放电。当我们不知道某个时刻传到某个皮层区域的输入，也不知道所输入的皮层区域的工作原理时，便很难将高端皮层中的神经元活动与特定的行为联系起来。

哺乳动物的空间回路：高级皮层的窗口

神经元的放电与外部环境无关的一个例外是海马与内嗅皮层中的空间编码细胞群。它们位于皮层的最顶端，许多突触远离初级感觉皮层（见彩图4）。在这个系统中，细胞的放电情况具有可预测性。这个脑区的许多细胞只在动物处于一些特定位置时才会放电。不同细胞偏爱的位置不尽相同，这样作为一个群体，在环境中每个位置的放电都是一种独一无二的组合。由于这些独特的活动组合，细胞便能有效地反映出动物的位置。

有关空间神经基础的研究开始于1971年，英国伦敦大学学院的约翰·奥基夫（John O' Keefe）和约翰·多斯特罗夫斯基（John Dostrovsky）记录了大鼠活动时其海马中的神经元活动（见图6-1）。他们能够识别出从海马CA1部分的细胞中发出的电冲动或动作电位。CA1部分的许多细胞对动物所在的环境位置会产生特定的反应，因此这些细胞被命名为“位置细胞”。当大鼠处于这些细胞的“位置野”中时，细胞便会快速放电。当大鼠离开这个区域时，它的神经电活动会减少并一直保持较低的水平，直到动物再次进入细胞位置野。奥基夫和他的同事很快发现，大多数海马细胞都具有位置野，且每个细胞都具有不同的位置野。研究者发现，位置细胞群会产生有关环境的“地图”，在每一个位置上都有活跃的细胞群。神经元活动与环境之间的高度相关性在对高级皮层所做的全部记录中具有独特性。

在发现位置细胞后的几十年里，越来越多的证据显示，位置细胞还具有描绘物理空间之外的其他功能。环境的微小改变会激活大脑不同的地图，这个发现进一步说明位置细胞除了能描绘物理空间之外还有其他功能。如果不论环境看起来是什么样子，大脑都具有确定距离和方向的统一地图，那么这样的地图应该被设置在其他地方。受到这些思考的推动，我们在世纪之交时开始在海马之外搜索空间功能表征。在最初的研究中，我们与维加德·布伦（Vegard Brun）和其他一些研究生记录了海马的亚区。30年前，有研究者在这个亚区里确定了位置野。我们将一些动物海马中的固有连接去掉，只留下来自内嗅皮层的直接输入。令我们吃惊的是，对局部海马回路的干扰并不会废除 CA1 细胞在特定的位置放电，位置细胞依然是位置细胞。这说明，除非位置信号完全由局部的 CA1 过程产生，否则细胞必然是从内嗅皮层和接收信号的空间输入的。这个发现吸引了我们对这个皮层区域的探索兴趣。事实证明，这个脑区就像一个金矿。

图 6-1　实验中的大鼠

注：大多数有关哺乳动物位置回路的知识都来自对大鼠和小鼠的研究。啮齿类动物具有发育良好的内嗅皮层和海马，并且展示出了杰出的空间记忆和导航能力。科学家认为这些能力有赖于内嗅皮层和海马。

网格细胞与“网格地图”

在 2004 年和 2005 年，我和学生玛丽安娜·菲恩（Marianne Fyhn）、托克尔·哈夫廷（Torkel Hafting）、斯特拉·莫尔登（Sturla Molden），以及同事缅诺·威特（Menno Witter）在大鼠大脑内嗅皮层内侧直接插入了记录电极，这里是与位置细胞所在的部分海马区域紧密相连的区域。我们的发现非常惊人：个体细胞具有分散的放电野，就像海马中的位置细胞一样，但这里的每个细胞具有多个放电野，放电野的排列也非常有规律（见图 6-2）。单个细胞的放电野具有周期性的三角形阵列，它们反映了动物生活的全部环境，就像在测试场地上铺开的网格纸上的交叉点一样，只是其最小的重复单元是等边三角形，这类似于象棋棋盘。由于这些细胞呈现网格状的周期性放电模式，我们便将它们命名为网格细胞。所有的网格细胞具有类似的网格结构，只是不同网格野的间隔、轴的方向以及网格野的 x 轴和 y 轴的位置发生了改变。我们最初在大鼠大脑内观察网格细胞，后来在小鼠的大脑中也发现了它们。研究者发现它们也存在于蝙蝠、猴子和人类的大脑中，这说明它们普遍存在于系统发育树的哺乳动物分支中。

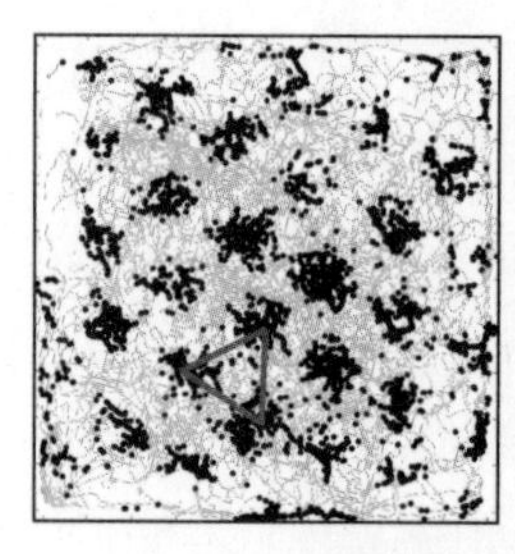
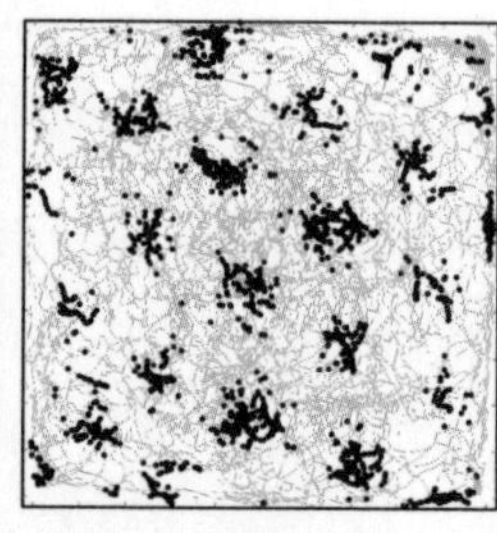
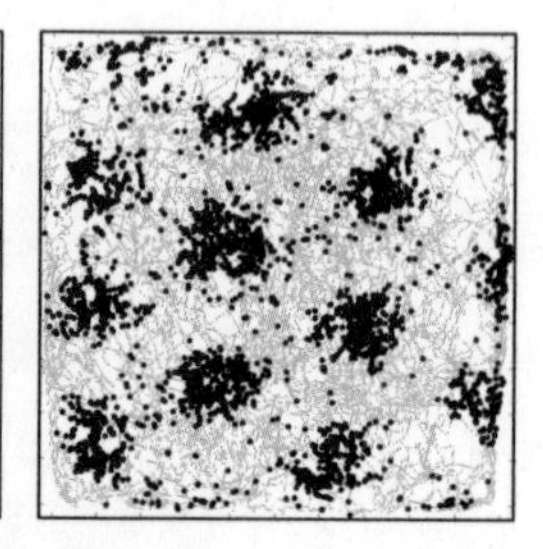

最左侧图：细胞具有较短的空间波长；
最右侧图：细胞具有较长的空间波长。

图 6-2　大鼠内嗅皮层中的 3 个网格细胞

注：每幅小图显示的是觅食的大鼠在 2.2 米宽的正方形围场（灰色）中的轨迹，在轨迹上显示了一个细胞峰值位置的叠加（黑）。图中每一个黑点代表一个峰电位。
资料来源：Stensola et al. (2012)。

网格细胞的一个惊人性质是无论动物运动的速度和方向怎么改变，它们的放电模式始终如一。另外，当两个网格细胞同时被记录时，它们网格野之间的关系会从一种环境复制到另一种环境中。如果同时被记录的两个网格野在一项任务上有重叠，那么它们在下一项任务上通常也会有重叠。这种重叠的严格性显著有别于海马中的位置细胞。基于纽约州立大学下州医学中心（SUNY Downstate Medical Center）鲍勃·穆勒（Bob Muller）和约翰·库比（John Kubie）的研究，我们知道海马中的位置细胞能够在完全不相关的放电模式间变化。网格细胞始终如一的放电模式，说明相同的网格地图会被反复使用，它指向的是网格细胞而不是位置细胞，就像在执行通用的大脑空间度量标准似的。

然而，所有的网格细胞都属于同一张“地图”，还是存在多种“地图”呢？在最早期的研究中，我们同时记录一些细胞，那些细胞通常来自内嗅皮层的同一个位置。我们不可能从这些有限的记录中推断出网格地图的结构。在最近的研究中，我们和汉娜（Hanne）、托尔·斯滕索拉（Tor Stensola）已经能够大幅度增加被记录的神经元数量了。到2012年，我们已经能够同时记录内嗅皮层广泛区域内的180多个网格细胞。这些记录显示，网格细胞会排列成少量具有独特性质的地图（见彩图5）。不同的网格地图在一些参数上会有所差异，网格野的间隔和网格轴的方向也是如此。在内嗅皮层的背侧端，靠近顶部的位置，大多数网格细胞紧密排列在网格野中，看起来都属于相同的模块。随着逐渐离开背侧边界，来自其他模块的具有更大网格间隔的细胞开始加入进来。在最深层的位置，具有较大网格的细胞会起主导作用。在每个动物身上我们均发现了4种网格分子，但总的种类可能更多，因为我们只抽取了一部分内嗅皮层。

网格细胞的分子排列最惊人的地方在于模块能够独立地对环境的空间布局做出回应。在一个正方形盒子里对动物进行测试发现，它们具有来自4种模块的细胞。在测试中，这些正方形盒子被压缩成了长方形（见彩图6）。来自模块1，即最靠背腹侧模块的细胞没有对压缩做出反应，在两个盒子共同的区域保持着最初的放电模式。比较起来，在来自较大的模块2到模块4的细胞中，网格野在相同的方向上发生了与盒子压缩成比例的压缩变化。这些现象说明，当环境的几何结构发生改变时，不同模块至少在原则上能独立地做出反应。显然，网格网络包含4种或更多种不同的地图，它们在以一致或不一致的方式做出反应。

以这种方式组织空间的大脑地图有什么优点呢？为什么 4 种或更多种地图比一种地图更好？答案在于，网格地图在“下游”海马中被采用的方式。虽然海马中的大部分细胞是位置细胞，但海马对某些类型的记忆具有重要作用，这些记忆被称为陈述性记忆，是我们能够意识到或能够说出来的记忆，包括我们对事实和事件的记忆。空间是这些记忆中的一个基本要素。由于我们每天会保存几千条陈述性记忆，因此海马需要设法将它们区分开。在这里，网格模块便发挥了作用。如果两个模块独立地对环境的改变做出反应，那么它们的联合行动就会发生改变。联合行动的改变会激活海马中新的细胞子集。网格模块中每个相对位移会引起不同的活动组合，这相应地会激活海马中不同的神经元集合。因此，只需要少量的网格模块，内嗅皮层便有可能将自己与大量的海马活动模式、假定的记忆联系起来，这就像只需要 5 个能够从 0 数到 9 的计数器，密码锁就能储存 10 万个密码。通过组合来自少量几个网格模块的输入，海马的细胞群便能够产生数量巨大的不同表征，并代表不同的地点和经历。

网格细胞是如何产生的

网格细胞有一个令人着迷的特性，那就是以规律的放电模式出现在高级的皮层中，远离了感觉输入。感觉输入界定了初级感觉皮层中许多神经元不同的感受野。在感觉系统中，随着来自感觉受体细胞的突触数量的增加，感觉表征往往会变得更加混乱无序。与之相比，网格模式非常有规律，不像在这些细胞上游区域中观察到的电活动的结构。网格细胞六边形的放电模式并不对应动物所处环境的任何性质，因此，它们更有可能反映了内嗅皮层固有的机制。这些机制是什么？网格网络又是如何产生了六边形的放电野呢？

虽然网格网络形成的机制还有待探究，但研究资料表明，六边形放电模式是作为竞争网络中的平衡态而出现的。在竞争网络中，所有细胞都抑制着其他临近的细胞。理论研究和计算机模拟显示，在特定距离内，所有细胞通过抑制性连接与其他所有细胞相连接的网络中，自发出现的六边形放电便是一种静息状态（见彩图7）。我们与亚西尔·鲁迪（Yasser Roudi）、缅诺·威特及他们的同事合作发现，内嗅细胞只通过抑制性的中间神经元发生连接，这样的连接会在网格网络中形成六边形的放电模式。网格细胞可能只是自然界中众多例子中的一个。在自然界中平均分布的相互竞争的力量，通过自我组织的过程便会形成六边形的结构。

网格细胞并不是孤例

2005年，网格细胞被发现后，显而易见的是，这些细胞不是内嗅皮层中唯一的一种空间细胞，但网格细胞在内嗅皮层表面的部分占绝对主导地位，尤其是在含有强大抑制性连接的细胞层。但是，我和弗朗西斯卡·萨格利尼（Francesca Sargolini）及实验室的其他学生一起，在2006年发现大部分内嗅细胞群会受到方向的调节。这些细胞类似于20年前吉姆·兰克（Jim Ranck）和杰夫·陶布（Jeff Taube）在其他脑区中发现的细胞类型。当小鼠的脑袋指向某个方向时，这些细胞就会放电。其中有些细胞同时也是位置细胞，只有当动物按照细胞偏好的方向运动时，它们才会放电。

2008年，我和特吕格弗·索尔斯塔（Trygve Solstad）发现，网格细胞和头部方向细胞会混合成另一种新的细胞类型，即边界细胞。只有当动物接近环境的一条或几条边界时，比如墙或边缘时，这些细胞才会放电；当盒子被扩展，放电野会跟着墙一起扩展；当新的墙被插入时，沿着新墙会出现新的放电野；当动物被移到不同的环境中时，头部方向细胞和边界细胞的性质会保持不变。在一种环境中，如果两个头部方向细胞在相同的方向时放电，那么在另一种环境中它们也倾向于在相同的方向时放电。在一个盒子里，如果两个边界细胞对墙具有类似的偏好，那么在另一个盒子里它们也会有类似的偏好。头部方向细胞、边界细胞和网格细胞的刻板性说明，内嗅地图被普遍用于许多环境中，不像海马位置细胞的地图会为每一种环境或经历构建新的活动组合。

在同一个神经系统中存在多种空间细胞，比如位置细胞、网格细胞或其他细胞的事实，引发了一些显而易见的问题。其中一个问题是：这些细胞之间有着怎样的关系？位置细胞是不是由网格细胞、边界细胞或其他细胞形成的？反过来，内嗅细胞是否依赖于位置细胞？我们实验室中的张圣佳（Sheng-Jia Zhang，音译）和叶京（Jing Ye，音译）的研究显示，海马接收来自各种内嗅细胞的投射，最大量的输入来自网格细胞，这说明网格细胞是位置信息的主要来源，但边界细胞，甚至与空间没有明显关系的细胞也会投射到海马上。虽然我们还不知道这些输入如何导致了位置细胞的产生，但研究资料提出了这样一种可能性：位置细胞接收各种来源的信号，这些过剩的信息使位置细胞可以根据不断改变的输入来源而对特定的位置做出反应。还有一个可能是，某个位置细胞接收的功能输入会随时间发生改变，比如某个时刻网格细胞提供与动作有关的输入，而另一个时刻边界细胞提供环境几何结构的输入。考虑到解答这类问题的实验工具已经具备，因此在未来几年，研究者有望揭示从一种细胞到另一种细胞信号转变的机制。

大脑新趋势
THE FUTURE OF THE BRAIN

随着位置细胞、网格细胞以及其他空间细胞陆续被发现，研究独立于感觉输入和运动输出的高级皮层中的神经计算成为可能。了解这些细胞类型的一个巨大益处是明确放电模式与外部世界的性质，或者说与动物在环境中的位置具有明显的一致性。如今，研究者可以在实验中控制放电的关联物，还可以对多种不同的细胞进行研究，因此，我们不仅有可能确定每种放电模式是如何产生的，而且能确定如何从一种细胞的放电模式转化为另一种细胞的放电模式。网格细胞可能只有助于我们理解表征是如何在高级皮层中产生的，但这类知识还可以反馈回到感觉皮层。在感觉皮层中，自上而下的内在过程可能发挥着比我们过去以为的更大的作用。

哺乳动物的海马和内嗅皮层中的空间回路，是皮层最初的非感觉“认知”功能之一，在不久的将来，我们会对它们有更详细的了解。了解在回路中如何产生了空间功能会为研究皮层计算的普遍原理提供重要线索，也将为我们对空间的研究扩展到对思维、计划、反思和想象的研究提供线索。

07 同时记录大量神经元

克里什纳·谢诺伊（Krishna V. Shenoy）

斯坦福大学电子工程系、生物工程和神经生物学系教授，霍华德·休斯医学研究所研究员

人类大脑包含约 860 亿个神经元，然而有关大脑的大多数知识还是来自一次测量一个神经元的实验。另一个极端的研究是，测量上百万个神经元的总体活动。这种测量局限正在快速地突破。我们现在已经可以同时测量成百上千个神经元的活动，而且研究者普遍相信，我们很快将能同时测量几十万，甚至几百万个神经元的活动。尽管这些突破正在改变游戏规则，但将原始生物测量数据转化为科学研究成果的障碍依然存在。下面我们会探讨两个方面的挑战，即理解大量神经元的活动和理解“抽象层次”的重要性。

测量大量神经元的活动

神经科学家试图搞明白包括人类大脑在内的神经系统的功能和功能失调。进行这类研究的原因很简单：掌握大脑这个宇宙中最复杂的系统，有助于解决神经疾病和神经系统损伤带来的困扰。为了了解大脑系统是如何运转的，人们必须测量它的内部工作，就像了解计算机的工作原理需要测量整个电路的电压与电流一样。对于大脑来说，这意味着在整个神经回路中测量动作电位、场电位等电活动，以及神经递质、离子浓度等化学活动。为了得到准确的电活动与化学活动数据，神经科学领域的先驱们采用了各种各样的测量方法。这些测量方法要么聚焦于个体神经元，如细胞内

电极、细胞外电极等；要么聚焦于神经元的总体活动，如脑电图、脑磁图、功能性磁共振成像等。与之类似，有效的模拟技术已经被科学家用来干扰神经活动，然后观察干扰的结果，如电微刺激、经颅磁刺激、光遗传技术等。

虽然这些测量与刺激技术带来了许多有创意的发现，科学家也因此获得了诺贝尔奖，但近些年来对整个神经系统复杂性的新理解在不断提高，同时测量许多神经元的需求也在不断增长。所幸，技术创新满足了这种需求，现在我们有可能同时测量几百个到几千个神经元。例如，经过遗传编码的钙离子指示剂 GCaMP6（见主题 1 中的第 2 章），将钙离子浓度的变化与成千上万个神经元的动作电位联系起来，因此能对它们同时进行光学成像。目前研究者仍在用各种动物继续挖掘这类测量技术的全部潜力，从被固定的蠕虫到四处走动的转基因小鼠，再到自由活动的大鼠。在不远的将来，还有可能对正在完成各种认知任务的猴子进行这类研究。

传统的电极测量技术在近些年同样得到了扩展。图 7-1a 显示了 100 个电极组成的阵列。一个或多个这样的阵列可以被永久地植入大鼠、猴子和人类的大脑中作为美国食品药品监督管理局有关神经假肢的先导性临床试验的一部分，试验目的是帮助瘫痪患者。这些电极可以在动物完成各种认知任务时测量几十到几百个神经元的电活动，它们的认知任务包括感觉、决策和运动（见图 7-1b）。

还有更多革命性的测量技术正在被开发出来，以上描述的两种技术只是可以同时测量成百上千个神经元的技术实例。

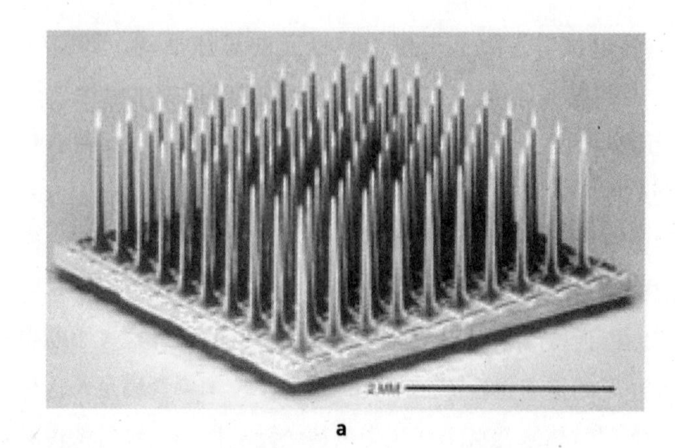

a

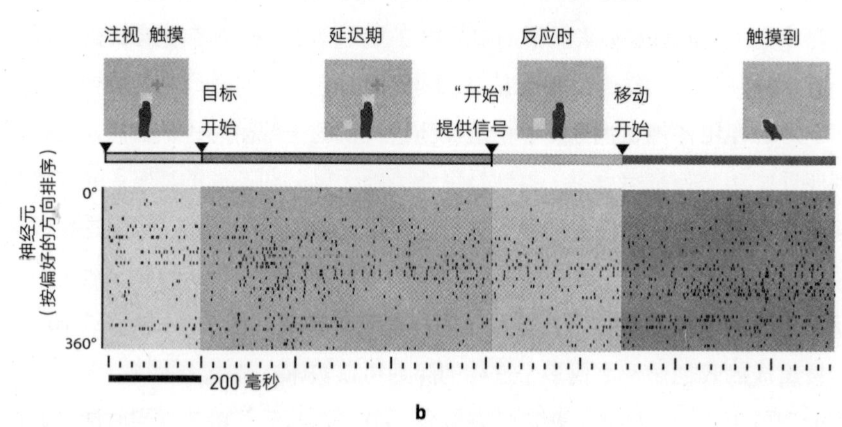

b

a. 由黑石微系统公司（Blackrock Microsystems Inc.）制造的 4 毫米 ×4 毫米硅基电极阵列，其中包含 100 个 1 毫米长的电极。分析开始于从这样一个设备上获得的多神经元数据。

b. 受到指示的延迟抵达中心枢纽的任务，植入运动前区皮层的电极阵列记录下神经反应。用眼睛注视中心处的目标并用手臂去触碰。屏幕上出现的光点代表最终应该被触碰到的目标。在延迟期后会出现"开始"的信号，手臂开始移动并去触碰目标。通过相应脑区神经元群体的活动测量出执行这类任务各个部分相应的"大脑状态"。每一列点代表 44 个神经元中某一个神经元的动作电位（峰电位）次数。

图 7-1　提取神经群体状态 - 空间轨迹的步骤

解释大量神经元的活动

将大量新出现的神经测量结果转化为科学发现的第一个挑战在于我们如何理解这些数据？这听起来像是一个很简单的问题，因为我们一直在分析已经获得的测量数据，现在只不过要对更多数据做同样的事情。然而，我们很有可能忽视那些同时被测量且对每个神经元的测量都具有很高时间精度的数据所具有的益处。另外，我们还会获得额外的新信息，比如细胞类型、轴突和树突的投射模式、突触连接强度等。再次与计算机进行类比，如果有机会同时测量 1 000 个晶体管，那么这会比一次只测量一个节省很多时间。但除此之外，大量测量还有其他更重要的优势。下文会对此进行更全面的探讨。

是否存在不同的科学、快速的发展方法呢？毫无疑问，发展方法有很多，近些年来研究者至少探索到了一种方法，它被称为“动态系统方法”。这种方法借鉴了物理科学与工程学，动态系统的设计与分析已经是这些领域的主要内容了。动态系统方法有三个核心要素。第一个核心要素是测得的神经数据构成一个时间系列，其中时间相近的测量结果之间存在相关结构。这样，某些形式的时间平滑方法是恰当的，有助于抵消神经测量固有的噪声。这就是图 7-2 中 a 到 c 图所描绘的过程。第二个核心要素是，同时测得的神经数据构成了高维度的数据集，但实际占有的维度较少。降维是机器学习与统计的一个重要主题，可以被用来推断数据所在的低维流形（manifold），这就是图 7-2 中 d 图所描绘的过程。将它们结合起来，一些在数据中会发生变化的重要维度便会显现出来，然后看一看这些群体神经轨迹如何与认知变量相对应，比如观察在“开始”信号发出后多长时间手臂开始移动（反应时，RT），或者观察手臂将要移动的方向（见图 7-1b）。有件事值得注意，即非常低维度的图像，比如画在纸上的二维或三维图像，肯定会遗漏一些信息。这类图像对形成直觉知识很有帮助，但回答科学问题必须有更高维度的数据，以防信息丢失。第三个核心要素是，动态系统方法试图定量地评估支配群体神经状态发展的规则。这类似于通过观察一个球在不平的表面上滚动来理解牛顿定律，因为这样的观察能够描述出动量、摩擦力和弹性的特点。总之，呈现低维群体神经轨迹并确定运动方程是将大量同时获得的神经测量结果转化为有意义的科学发现。通过低维群体的神经轨迹，我们可以形成有关神经回路作为一个整体的工作原理，以及有关它们与行为之间的关系的假设。

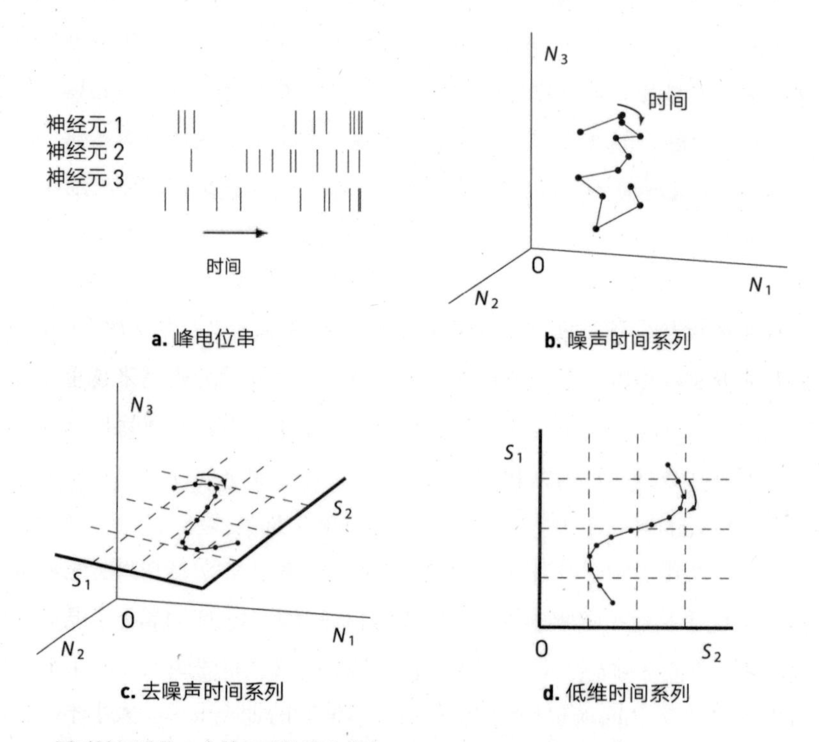

a. 同时被记录的 3 个神经元的峰电位串。
b. 被描绘在三维空间中的神经活动的时间演变，其中每个轴测量的是一个神经元的放电率，例如 N_1 就代表神经元 1。我们可以对短时间内的放电率进行预估。
c. 神经群体的轨迹，也是 b 图中轨迹的去噪声版本，其轨迹位于坐标 S_1 和 S_2 构成的二维空间中。
d. 直接在低维状态空间中显现的神经群体的轨迹，可以用它的低维坐标 S_1 和 S_2 进行查看。最后一幅图显示的是低维、单次尝试、神经群体状态－空间轨迹，它是从同时被测量的许多神经元的神经数据中计算出来的。

图 7-2　提取神经群体轨迹的步骤

“抽象层次”的重要性

与“被数据淹没”正相反，将从未有过的大量神经测量结果转化为科学发现的第二个挑战在于我们要知道该关注什么。当涉及大脑时，这绝对是说起来容易做起来难。目前我们对大脑的了解还很少，不清楚什么细节对所研究的问题是重要的。当我们试图将群体神经活动与手臂的移动联系起来时，每个神经元的连接模式和突触强度是否都很重要？当神经元必须不断对抗突触丢失时，动作电位发射次数的具体模式是否也很重要？这些问题以及其他无数问题都在神经科学领域中尚未找到答案。物理科学与工程技术领域通过采用得到证实的物理系统设计与分析理念解决了一些类似的问题，这有可能让我们获益。

理解和设计物理系统时一个普遍而重要的概念是“抽象层次”。我们估计，在研究生物系统，包括研究大脑时，抽象层次将会变得越来越重要。为了强调在脑科学中运用抽象层次的潜在价值，我们在这里将对人们非常了解的电子系统与神经系统进行类比。

现代计算机系统由一些连接在一起的集成电路，即芯片构成。它们还连接着一些外围设备，比如显示器、键盘和网络设备。让我们思考下其中一个芯片，即中央处理器（CPU）的工作原理。在最小的层面上，原子被精确地排列，从而赋予晶体管理想的电性能。晶体管的种类很多，大小不一，数量达到了几十亿个，并且它又形成了第二层的中央处理器。第三层则是晶体管之间的连接，连接情况非常复杂，连接的数量达到了上千万个。线与线互相交错，有的从其他线上面穿过，有的从其他线下面穿过，就像城市里的公路系统。第四层，即最后一层是广义的软件。软件包括从特定硬件的控制，即机器代码到更全局性的资源与数据的协调，即操作系统和算法。软件层不同于其他三个层次，因为它存在于电子状态的模式中，只能是 1 或 0，与物理学的明显特性正相反，因为当代码的行数超过数百万时，软件会变得极其复杂。这还并非罕见的情况。

这和大脑有什么关系呢？如果对大脑与中央处理器在字面上进行详细比较，这一努力注定会失败。近年来，研究者进行这类比较的例子包括，将计算上丰富的神经元比作计算上贫乏的晶体管，或者将神经元之间三维的点对点的连接比作晶体管之间二维的、相对不太通用的连接。然而，广泛的比较有助于强调抽象层次的概念是如何帮助解释大脑工作原理的。其中很重要的一点是这个概念与戴维·马尔（David Marr）的三层次假设有关。为了简洁表达，马尔的计算层和算法 / 表征层被合并成了软件层，物理层在这里被他描述为最初的三个层次，反映了可获得的详尽的物理信息。

在最小的层面上，物质科学聚焦于硅、掺杂剂和氧的原子设计，它与聚焦于通道蛋白、突触和神经递质的分子神经科学之间具有相似性（见图7-3）。虽然详细的解释很重要，但为了方便下一个层次的理解以及提升设计能力，我们必须对有些细节进行抽象处理，否则研究的复杂性会迅速增加，基本原理会被掩盖。例如，物质的总体性质和统计描述必须被提出来，单个原子的具体位置必须被放在一边。

在下一个层次上，设备工程学与细胞神经科学也具有相似性。设备工程学聚焦于将物料性质转化为晶体管的大小和类型，以实现所需的电性质和动力状态。细胞神经科学聚焦于神经元几何结构、通道电导、膜电位，有助于理解电性质、神经递质的性质和动力学。同样，非常有趣且重要的晶体管设计必须被抽象出来，以便将少量、简单的电流 - 电压规则传递到下一层。如果没有这样的抽象或简化过程，理解并设计下一层这件事，无论在分析上还是在计算上都是很棘手的。论及细胞神经科学或分子神经科学，在对细节进行抽象时应该包含什么、排斥什么，显然是一个尚未解决的问题，而且我们不会说出答案。相反，我们强调的是解决这个问题的重要性，因为对于很多物理系统来说，包括我们在这里探讨的中央处理器，如果设计师没有层与层之间的抽象，便不可能有全面的理解和设计能力。

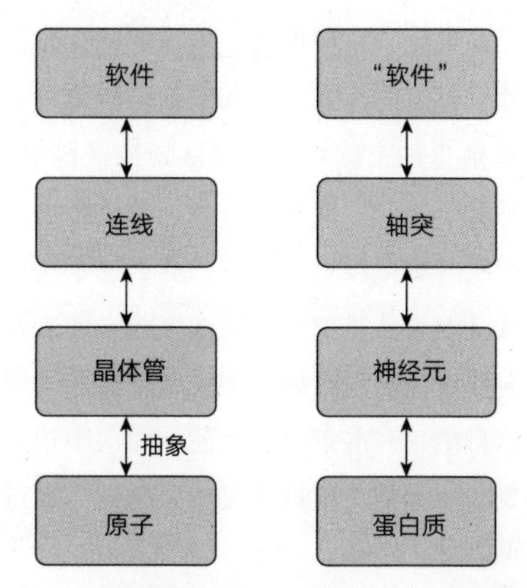

图 7-3　中央处理器（左）和大脑（右）的抽象层次

注：箭头显示了一个详细的信息是如何被抽象出来，以便仅将重要的操作原理和特征传递给下一层。图中箭头是双向的，这说明，抽象对理解物理实现如何影响着软件能力（自下而上）是有益的，对理解软件要求如何影响着物理设计（自上而下）也是有益的。

在第三个层次上，电路设计和计算机结构之间与神经解剖结构和连接组之间具有相似性。电路设计和计算机结构聚焦于晶体管之间、芯片之间最佳的连接方式；而神经解剖结构和连接组则聚焦于某个脑区内部以及脑区与脑区之间，也聚焦于神经元与神经元的详细连接情况和连接规则。对于计算机的中央处理器来说，抽象非常重要，因为当其在下一层软件中工作时，整体的硬件能力和局限性具有至高无上的重要性。与之类似，我们预估，当大脑的中央处理器在下一层神经“软件”中工作时，整体的神经“硬件”能力与局限性会具有至高无上的重要性。在神经科学的背景中，如何最好地对细节进行抽象，依然是一个悬而未决的问题。尤其是与大多数电子硬件不同，神经硬件会随着时间的流逝而改变，也就是说它具有发展、学习和可塑性。

在第四个层次，即最后一个层次上，电脑的体系架构和电脑科学与认知神经科学具有相似性。电脑的体系架构和电脑科学聚焦于设计机器代码、操作系统以及指挥所有信息加工的算法。而认知神经科学，则包括网络建模，聚焦于神经活动与感觉、知觉、决策、行为、抽象思维之间的关系。从广义上来看，如果抽象层次的规则没有被遵守，那么这个层次的中央处理器就会面临最大的挑战。这是因为从之前三个层次继承来的全部细节会让试图理解现有中央处理器的人或者试图设计新的中央处理器的人感到无比困惑，让他陷在一堆乱糟糟的信息中。有些信息在之前的层次中很重要，但在最后一个层次上已经不再重要了。如果不根据直接相关性对信息进行优先级排序，我们便会只见树木不见森林。

有了抽象层次的概念后，我们便有可能在最后这个层次获得对中央处理器基本操作过程的新发现。我们预期，大脑也将会是这样的。举一个例子，对于有几百个示波器的中央处理器，我们能够有什么了解？如果只有一个示波器，我们可以通过晶体管的末端来测量电子波形，进而发现或高或低的电压。如果看到电压变化得非常迅速，达到毫微秒级别，而且单位是主时钟频率，例如千兆赫，那么我们便可以据此猜测这个晶体管是加速器、存储寄存器还是数据总线的一部分。另外，如果有可能把这个中央处理器再次置于相同的状态中，且从晶体管的另一个末端进行测量，那么许多这类测量应该都会得到更复杂的结果。

如果几百个示波器同时测量几百个晶体管的末端，那便有可能发现中央处理器其他的重要特征。这包括晶体管的状态如何随时间而发生变化，它反映的是电路的动力学。正常操作时，系统会如何发挥功能，在过程中，相同的晶体管状态几乎不会出现两次，并根据结果推测出软件的重要特征。例如，我们有可能搞明白负责将两个数字相加的一组晶体管的协调原则，这些协调原则有着精确的时间性，我们还有可能搞明白晶体管之间的协调怎么会导致算法错误，所有这些都不需要两个相同的数字反复相加，也不需要所有的控制电路恰好处于相同的状态，因为这从本质上是不可能实现的。同时测量、降维，使用动态系统分析方法与建模，以及抽象层次让上述操作有了可能。因为这些技术方法能确保有关原子、晶体管尺寸 / 类型和连线的详细知识不会影响调查或答案。只是，对于适合最后一个层次调查研究的分析来说，这些知识已经不再重要了。类似的是，我们认为同时测量成百上千个神经元，之后再用能够揭示基本操作原理的方法，如用降维、动态系统、网络建模来分析这些数据，现在不仅是可能的，而且会让我们受益颇深。例如，现在我们有可能知道大脑中的神经元群体是如何基于不断的、很少重复的感觉与目标信息流做出决定的。

值得我们注意的是，虽然为了简便起见，我们对 4 个层次进行了由下而上的描述，并且以单方向的方式强调了抽象层次的重要性，但这只是故事的开端（见图 7-3）。如果将大脑神经中枢类比为中央处理器，从第四层向第一层，例如从什么类型的软件或算法需要得到支持，到为了支持特定类型的晶体管性能需要什么物质这一方向，运用抽象层次同样很重要。通过将软件或系统的需求与物质、晶体管的选择权衡联系起来，设计循环便完整了。人们会预期神经系统也是如此。更好地理解神经计算的原则，有助于加深我们对解剖结构上的连接方式、单个神经元的计算、分子基础以及设计上的各种权衡的理解。

我们正处于神经技术的大革命之中，它使同时测量并刺激成千上万个神经元成为可能。这些获取神经数据的方法史无前例，一方面非常令人激动，另一方面又令人敬畏。我们应该如何处理这些数据呢？我们该如何解释这些数据，甚至对于理解每个层次和提出的问题，哪些细节是非常重要的呢？尽管我们可能非常想继续进行以单个神经元为目标的分析，或者把这种独特的神经数据集仅作为另一个“大数据”的数据集来对待，并附加上某种通用的机器学习算法，但这两种做法会限制我们本应该获得的深刻发现的范围。在这里，我们仅仅讨论了前进路上会遇到的两个主要挑战，并提供了两种可能的方法，即动态系统分析和抽象层次的观点。

08 网络神经科学

奥拉夫·斯波恩斯（Olaf Sporns）

布卢明顿市印第安纳大学心理与脑科学首席教授，印第安纳大学网络科学研究所副主任，麻省理工学院出版社的学术期刊《网络神经科学》的创始编辑

人类大脑中大约有860亿个神经元在活动，而揭示人类心智与认知的机制和原则依然是目前最诱人，也是最紧迫的科学追求之一。大脑与心理疾病对健康、社会和经济与日俱增的影响力，使得对大脑的深入研究这项任务变得尤为紧迫。我们如何才能更快地全面了解大脑的工作原理呢？当然，脑科学的进步一部分将来自我们对神经机制详细研究的经验积累。但正如我将在本文中提出的，神经科学也需要改变视角，明确地承认大脑是一个复杂的网络化系统，从细胞到形成认知都具有许多组织层次，它们不可逆且互相连接着。

确实，联系与交往是我们所生活的这个时代的核心主题。对人类来说，如今联系交往是人的非常基本的权利，以至于联合国将它列为基本人权。对于各个学科的科学工作者来说，连接正在成为理解和管理复杂系统行为的焦点。在科学研究的最前沿，生物学研究者已经注意到分子与细胞间相互作用所构成的复杂网络，引发了一个全新的领域，即系统生物学的诞生。正如事实所显示的，细胞的功能很大程度上取决于基因的调控、信号传输和新陈代谢网络，它们影响着分子间的相互作用，而且细胞间的相互作用对建立和维持整个有机体来说至关重要。

连接这个主题目前在神经科学领域中迅速盛行起来了。神经科学家越来越意识到，大脑的所有功能最终取决于网络的性质，也就是神经元之间的连接以及脑区之间的连接所形成的网络。连接对神经元信息加工、计算非常重要，大多数大脑的疾病似乎与连接受到干扰有关。连接在大脑功能中的重要作用，是驱动神经科学家创建完整的大脑连接图谱的主要动力。如今，完整的大脑连接图谱通常被称为连接组（见主题 1 中的第 4 章）。本文的主旨是一个有关大脑网络的新科学——网络神经科学（network neuroscience），其当前及未来的发展将从根本上推动我们对大脑功能的理解。

从神经回路到神经网络

在人类身体的所有器官中，大脑或许是最难划分和界定的。简单的或过于原始的概念会让研究困难重重。我来举一个有趣的例子，19 世纪德国科学家卡尔·沃格特（Karl Vogt）曾写道："思想之于大脑的关系就像胆汁之于肝脏，或尿液之于肾脏。"当他公开表达这个观点时，一位哲学家突然插话道："听沃格特教授说得越多，人们越会相信他。"显然，我们需要更深刻、复杂的观点和模型来理解大脑。

很难了解大脑的一个原因，是每个神经细胞的功能与大脑整体功能之间存在巨大的差异。回顾神经科学的历史，我们会看到大多数的观点都来自对单个神经元的研究。确实，在一个多世纪里，"神经元主义"，即神经元是大脑功能的基本单位的理念，一直是神经科学不可动摇的基础。采用微电极记录、功能性神经成像等各种工具的数千项研究显示，神经元常常会表现出非常特异的反应。单个神经元的活动能够表征非常复杂的刺激性事件，比如表征人脸的表情、熟人的声音、眼部肌肉的收缩或肢体运动的方向。除了对当下输入做出反应之外，神经元的活动还包括回忆过去的经历或传递对未来回报的预期。神经元的活动事实上与复杂心智过程的所有组成部分都有关系，比如它与工作记忆、注意力、视觉表象，甚至梦境等都有关。

是什么赋予了神经元如此多样化的反应特性呢？答案至少包含三个部分。第一，神经元体现了一系列极其复杂的分子，它们产生并感知电信号，这是一切神经元反应以及突触传导的基础。第二，神经元具有非常独特的形状或形态，通过突触输入转变为神经元输出，发挥着重要的作用。然而，分子与形态学不足以解释神经元的反应，而神经元反应是神经元连接发挥的主要作用。这就是第三点：突触连接将神经元连在一起，形成了巨大的网络。取消一个神经元连接，网络就会“变聋变哑”；中断输入，网络便无法施加任何形式的影响了。神经元的力量来自它们的集体行动，连接将它们捆绑在一起，使它们能相互作用、相互竞争、相互合作。正如史蒂芬·平克所说的“脑细胞按模式放电”，而这些模式则由连接进行统筹编排。当时，《科尔伯特报告》(*Colbert Report*)①向平克提出挑战，让他用5个词解释大脑功能。

尽管很久之前我们便知道神经元相互连接形成了神经回路，而且正是神经回路的活动驱动知觉、思考和行动。但我认为，现代的网络概念增加了一个重要的新维度。传统的从神经回路出发的思考，是基于神经元之间高度特异的点对点的相互作用，每个连接传递着非常特定的信息，就像计算机中的电子电路和逻辑电路。回路作为一个整体的行为，完全取决于这些特异性相互作用的总和。由此引发的推论是，回路功能完全可以被分解为一系列清晰的原因和结果。从这个意义上看，回路类似经典力学的“拉普拉斯模型”，回路的构成要素对彼此施加局部影响，连接居中发挥着特定的因果作用。

相比之下，来自复杂理论和网络科学的现代方法强调，整体结果无法被还原为简单的局部化原因，而且网络作为一个整体的功能超越了每一个个体要素的功能。有一个关键概念是“层创进化”(emergence)。层创进化基于

①《科尔伯特报告》是2003年开始播出的一档高收视率脱口秀节目。——译者注

人们观察到的情况，即复杂网络系统的构成要素之间的集体相互作用，往往会产生低层次中不存在的新性质。以神经元网络为例，“层创进化”现象的有力证明是，大脑动力学的整体状态，大量的神经元参与了一致的集体行为。这种动力学源自数量非常庞大的局部相互作用，单个神经元之间的相互作用是微弱的，但集体的力量足以创造出大规模的神经模式。以神经同步现象为例，大量神经细胞会同步放电。同步放电显然依赖于神经元之间的相互作用，而突触连接发挥了居中调解的作用。但是它无法归因于回路模型中任何特定的相互作用因果链。相反，同步性是许多局部事件的整体结果，它们由网络进行统筹，也是沿着神经元连接的许多微弱动态耦合的协作产物。

同步性只是整体网络动态关系的一个例子，它源自许多基础网络的相互作用。另一个特别有趣的例子是所谓的临界状态，这是一种动态机制，其中，系统参与了各种不同的灵活可变的行为。临界状态介于秩序与随意之间，使得神经元系统展现出各种各样的动态模式，可以平衡大脑对当下输入的敏感性和对过去记忆的敏感性，并且可以让人表现出高超的计算能力。虽然临界性可以发生在许多不同类型的网络中，但似乎有些网络特性，包括在大脑网络中发现的一些特性，确实能够促进或稳定临界状态。虽然对于在网络架构与大脑动力学之间建立联系，我们还有许多工作要做，但对网络如何影响了相互连接的神经元之间的合作和相互作用的解释，有可能为传统的神经回路观点增加新的维度。

迎接“大数据”的挑战

复杂网络自然发生的集体行为无处不在。它们不仅出现在大脑中，也出现在其他生物系统中，比如细胞、生态系统中，甚至会出现在社会网络和技术网络中。这类网络动态的影响包围着我们。在生活中，我们被卷入一些系统中，它们自然发生的行为影响非常大且很难预测，有时对人的身心健康和生存会产生深远的影响。不妨思考一下金融系统和气候改变对人类的影响。科学家正努力对社会技术系统的动态进行更准确的建模，也在研究它是如何影响经济稳定的，如何影响全球性流行事件的，或者是如何引发革命或战争的。我们记录、存储和挖掘有关社会经济行为电子数据的能力在不断提高，这为科学家的研究提供了支持。目前流行的“大数据”的发展，似乎不可阻挡。

大脑新趋势 THE FUTURE OF THE BRAIN

事实证明，神经科学正处于它自己的“大数据”革命的边缘。作为对以假设来驱动的小规模传统实验室研究的补充，研究者正在进行越来越多的大规模大脑数据收集与数据整合。这种趋势在未来若干年只会愈演愈烈。例如，欧洲共同体不久前启动了一个为期10年的项目，打算在超级计算机上模拟人类大脑（见主题3中的第10章）。在美国，对健康成人的大脑连接进行全面研究的人类连接组计划，很快将获得超过1拍字节的高质量大脑图像数据。一个看起来更加充满野心的想法，比如绘制出能准确呈现海量突触的神经元连接图谱，将会带来数量更加惊人的数据集。据有些研究者估计，对人类大脑中1 000亿个突触连接的描绘将产生泽字节级的数据。这个数据量等于2010年全球所有人创造出的全部电子信息的数量。而在新近提出的研究项目面前，这个数据量也会相形见绌，因为它低了几个数量级。这个新近被提出的项目是：描绘分辨率达到单个细胞和突触的人类大脑功能活动。即将到来的数据狂潮有可能改变神经科学的研究方式，从缓慢费力地积累来自小规模实验研究的结果，转变为可以与天文学或核物理学媲美，从类似于粒子对撞机和天文望远镜这样的“大脑观测站”中获得海量数据。

我们该如何处理这些数据呢？物理学和天文学可以利用丰富而坚实的自然法则与理论基础来理清极其混乱的经验数据。通过确定要追踪的重要变量，科学家能够显著地精简数据，由此对设备获取的海量原始数据进行提纯，将它们转化为可解释的形式。理论将“大数据”变成了“小数据”。一个引人注目的例子，是天文学家埃德温·哈勃（Edwin Hubble）在1929年发现了宇宙大爆炸的原理。通过整合多年来的观察数据，哈勃发现，星系光谱的红移与它们的物理距离之间存在比例关系。在爱因斯坦和威廉·德西特（Willem de Sitter）之前构建的宇宙学模型的背景中看，这些数据有力地证明了宇宙大爆炸这一理论。引发这个划时代发现的数据集仅由不到50个数据点构成，压缩之后还不到一千字节。当论及将理论运用于“大数据”时，说得委婉些，神经科学家还要做一些追赶工作。当然，分析大脑数据的方法很多，它们对于从神经记录中提取规律、过滤噪声、解释神经编码、找出相互耦合的神经元群体等都非常有益且有效。但是，数据分析不是理论。在写这篇文章时，神经科学界仍缺乏可以将大脑数据转化为基本知识和解释的组织原则或理论框架。

大脑新趋势

THE FUTURE OF THE BRAIN

网络科学或许能够为神经科学提供这类理论框架。网络方法已经被科学家证明对组织和解释大量的大脑数据非常有帮助。在认知科学领域中，尤其是在用无创神经成像技术来描绘大脑活动的研究中，网络化的理念正在迅猛地发展。从传统上看，研究者对孤立的特定脑区非常感兴趣，这些脑区会因为特定的刺激、心理状态或任务而被激活。最近，研究者的兴趣发生了转变，他们从对激活的研究转向了对共同激活的研究，新的研究兴趣不仅会考虑哪些大脑区域是活跃的，而且会考虑引发网络化大脑活动的动态相互作用。

研究者认识到，大脑从来都并非完全停歇着，即使在一个清醒的人没有从事需要投入注意力的认知活动，处于非常自由、无所事事的状态时，即我们常说的“休息”状态时。“休息”的大脑就像一个装着神经活动的大锅，这些活动看起来既是自发的，同时也是高度组织化的时空模式。这些模式的许多方面是不同个体所共有的，至少是一部分个体共有的，这反映了不同脑区在解剖结构上的连接。科学家运用网络科学工具和方法已经揭示出了许多“休息状态的网络”。当大脑处于休息状态时，这些脑区的活动具有高度的相关性。其中重要的一点是，休息状态的网络非常类似于在面临各种感觉输入或任务时总是共同被激活的一系列脑区。例如，需要将注意力集中于外界环境某个部分的任务，比如在暗示的位置快速发现目标时，便会同时激活额叶皮层和顶叶皮层中分散的特定脑区。在休息时，相同的一组脑区会经历相互关联的神经活动引起的波动。任务驱动与无任务驱动的活动模式之间的关系，符合休息的大脑会排练或概括一系列网络状态的观点，其中，每一种网络状态都与人类认知的不同领域有关。

人类对全脑活动的大规模研究发现，大脑组织方式和反应方式的基本单位不是局部化的脑区，而是分散的网络。网络的方式不仅有助于揭示大脑的组织构成，而且对于探查大脑与心理疾病的基质也是非常重要的。研究已经发现，从神经退行性疾病阿尔茨海默病到心理疾病精神分裂症等各种疾病，都与大脑网络的构成方式以及大脑网络动态响应与交互的方式受到特定的干扰有关。以精神分裂症为例，许多研究者比较了患者大脑中的连接以及健康大脑中的连接，他们发现，与临床症状相关的脑区特征是顶叶脑区与额叶脑区之间的功能耦合受损，这可能是区域之间远距离投射发生“连线错误”的结果。这类连线错误不仅会扰乱特定的通路和连接，而且会导致整个网络加工信息的方式发生彻底改变，这有点像一条高速路或一个空中交通枢纽被关闭后，整个交通系统会受到广泛的破坏一样。

除了诊断之外，网络的方式对发展新的干预与疗法同样很重要。如果网络破坏是常见大脑疾病的基础，那么有效的疗法和康复措施可能包括巧妙而耐心地将被破坏的网络复原，这样便能恢复脑区应有的功能了。在设法找到治疗方法时产生了一个令人吃惊的发现，那就是复杂计算机模型的使用，使用这些模型能够再造并预测出人类大脑网络的动态活动。

构建虚拟大脑

在过去 20 年里，大脑模型的发展速度惊人，从历史发展的角度来看，它的确有用，但从生物学角度来看，不现实的“人造神经网络”以及基于生物学的计算模型将神经元生物物理学的主要组成部分与连接结合起来，创造出了现实的大脑动态。这些模型是复杂大脑网络的计算机模拟化，它们为人类理解大脑的计算与反应方式提供了新见解。作为模型，它们的构造很简单，只是一些神经组成要素以及解剖学上的连接，后者通常来自实验测量数据和一套基于神经元电反应性质的动力学等式。通过接触外部输入和某些内部噪声源，完整的模型便被启动了。一旦启动后，模型的神经构成要素便会产生能够被分析和加工的模拟活动痕迹，这就好像科学家查看实验数据。

建模方法的一大优势在于，与用于实验的大脑不同，模型的内在工作情况完全是已知的。为了探究模型产生的活动改变方式，研究者可以调整模型的结构。这类模型已经为我们提供了一些重要的发现。现在回想“休息状态”的大脑，鉴于它没有明确要执行的任务或输入，那么是什么因素导致了那些“休息”大脑区域所特有的、可复制的时空模式呢？计算机模型显示，这些模式取决于一些因素的组合，包括脑区间结构性连接的布局，兴奋性神经元群体与抑制性神经元群体的局部耦合，以及传导延迟与动态噪声的出现。移除模型中的任何构成要素及活动，都将与实验中观察到的情况不再相符。

大脑新趋势
THE
FUTURE
OF THE
BRAIN

计算机模型在许多学科中已经成为有力的工具，从天文物理学到交通工程学都应用到了它，而且它将在神经科学中发挥不可或缺的作用。尤其重要的是，基于网络的“虚拟大脑”模型将与用于气候预测的全球模拟器没有什么不同。一些参数决定了大脑连接，“虚拟大脑”模型使我们能够在这些参数的变化与整体规模上，比如那些在大脑动力学模式中显现出来的改变之间建立起联系。近期，这类模型将成为计算平台，借此探究局部大脑损伤，比如那些由卒中和大脑肿瘤造成的损伤对剩余大脑部分网络通信的影响。在中期，更复杂精细的模型将会实现病理生理过程的模拟，它将能够模拟疾病状态的发展，包括神经退行性疾病或发育异常。从长远来看，基于个体患者的数据的计算机模型，将成为设计治疗干预手段的有效工具，这些干预是根据患者自己的大脑网络而定制的。这或许为临床实践的“个人连接组学”打开了大门。

这些发展实现的时间可能会比大多数人以为的更早。其中一个原因是单位成本的计算能力在持续提升。另一个重要原因是跨生物学系统、社会系统和技术系统的网络科学方法的会聚。这种会聚创造了巨大的协同与合作机会，这在几年前是不可想象的。会聚还会驱动记录探针与观察工具的新发展。研究者越来越意识到，大脑功能依赖于许多构成部分与过程的连接和互相作用，它将主导着描绘和追踪这些网络互动的实验与分析方法的发展。最后，将大脑网络与行为联系起来将意味着它超越了神经系统的边界，思考大脑与环境的结合如何调节着大脑中的连接（见主题 1 中的第 2 章）。神经元并非被动地对输入做出反应，而是通过促成运动活动和行为主动地决定输入是什么。为了理解大脑与行为之间这种动态的相互作用，我们需要将功能连接的概念从大脑内部的网络扩展到环境。显而易见，大脑网络极端的复杂性将为可预见的未来带来严峻的挑战。

在展望未来时，我看到神经科学似乎将继续从聚焦于组成部分转向绘制、模拟它们间的相互作用。这建立在对大脑及其复杂网络系统的重新构想之上。我期待，技术向着网络科学的转变将会带来根本性的新发现。正如许多研究显示的，各种各样现实世界的系统，从细胞到社会的组织与架构体现了一套共同的主题。网络神经科学提出，大脑是这类系统的另一个例子，因此大脑可能并不像我们之前以为的那样特殊。虽然作为所有个人体验方面的中介，大脑的确独一无二，但我们可能会发现，它是通过遵循一套普遍的法则来发挥这种作用的，而这套普遍法则支配着复杂网络的功能。

09 大规模神经科学：从分析到洞悉

杰里米·弗里曼（Jeremy Freeman）
计算生物学家和神经科学家，本书编者

大脑中包含几百亿个神经元，数量同样庞大的是：在不断变化的世界中，生物所经历的多姿多彩的体验。

然而，实验室通常局限了神经测量的规模和动物行为背景的复杂性。为了确定哪个刺激触发了最强有力的神经反应，实验者会记录单个感觉神经元对一系列微小刺激的反应。也有的实验者会在动物完成一个简单行为时，测量一些孤立的运动神经元，这让研究者能够在行为与神经元反应之间建立起清晰的关系。

但是，这种简化的操作会让我们只见树木不见森林。可以肯定的是，对大脑的全面理解需要一种更宏观的方法：动物的复杂行为反映了信息在整个神经系统中被加工的过程，也包括在多个回路和脑区中成千上万个不同类型神经元间的协同活动。如今，新技术可以让我们在动物完成各种具有行为学意义的活动时（比如小鼠一边在转动的球上奔跑一边探索虚拟迷宫，鱼在移动的背景中游动，苍蝇飞向虚拟目标），测量它们数以千计的神经元的活动。

现在有了这些工具后，我们要做些什么？我们如何理解收集的这些大量数据呢？标准的技术有助于一些基础操作，比如从噪声中提取信号，如果我们知道在哪儿收集信息，就能够应对数据的规模。但是，我们该如何从庞大的数据中提炼出有关大脑的工作原理呢？

对神经数据的分析探索

理解神经数据的首要条件是理解实验的直接输出信息，比如理解一系列在显微镜下获得的钙荧光图像，绝不会是某个时刻神经反应简单明了的清单。相反，我们总是不得不推断大脑在做什么，因为图像本身是混乱而间接的反映。神经活动的图像充满了类似于摄影模糊的移动画面和假象。

因此，分析神经数据的第一步是应对这个低层次的挑战，即把信号从噪声中分拣出来。计算机算法能够加工源信号，去除假象，提取出重要的部分。在某些情况下，这些初始行动步骤的目标相对比较明确，比如尽量缩小连续图像之间的移动范围。不过，想要找到最佳的方法依然充满挑战。在其他情况下，初始行动步骤的目标则很微妙。

例如，来自钙荧光成像实验的图像有几百万个像素点。依据研究中的神经回路、细胞类型和钙离子指示剂，这些像素点相当于细胞体与细胞体延伸部分轴突和树突的复杂混合物。为了分析数据，我们可以用极其复杂的算法从细胞体中分离出信号，舍弃图像的其他部分。另一种做法是，我们可以探究每个像素点的反应，尽可能多地获取对理解大脑功能重要的信息，但这样做会损失细胞体提供的“地标”。实际上，并不存在绝对的答案，到目前为止，我们唯一的共识是，对信息的选取可能取决于所提出的科学问题。即使在数据分析的早期阶段，计算机算法也发挥着至关重要的作用。良好的科学判断是对许多选项进行筛选的关键。

进行更高层级神经数据分析的目的是在与感觉输入、行为输出和行为状态有关的神经反应中找到一种模式，最有可能的是找到与这三者混合相关的神经反应模式。其中最大的挑战在于，我们永远无法提前知道“正确的”那一个分析。让我们设想，在一个相当简单明了的任务过程中测量神经反应：一只小鼠在转动的球上奔跑，屏幕上呈现出了一些不同的视觉刺激，测量到的神经数据一定是表征了某个反应。即使是在这只小鼠的体验丰富程度远不及真实世界的情况下，依然有许多参数对理解神经反应具有潜在的重要意义。这些参数包括刺激本身，动物跑得有多快，它的行为反应是什么，它找到了正确答案还是错误答案，以及它的活动状态等各个方面。这些状态很难像注意力被唤起那样能够被明确地描述出来。

我们如何将神经反应与所有这些参数联系起来呢？这些参数彼此之间具有怎样的联系？对于这类分析，我们应该如何表征这些行为的特征？所有对这些问题的回答都可以被归入广泛的“功能建模”类别中，功能建模的目的是将神经反应与外部世界可观察的特征联系起来（见主题 5 中的第 15 章）。当然，这样做的目的不只是重建完整的神经反应模式，它的作用就像高科技的录音机。相反，我们的目的是以有助于进行直觉判断和理解，有助于巩固实验假设的方式来描述大脑正在做什么。例如，在某个回路中的各种神经元，由于它们在类型、形态、投射或分层上具有特异性，因此每种神经元的反应对上述每一种特异性的反映程度都会有所不同。功能建模能够描绘出神经回路不同构成要素所进行的计算。与恰当的解剖学信息结合起来，它便能够揭示出神经回路的活动和作用。

当研究更复杂的表征时，比如涉及运动控制的表征，神经元的联合动态显得尤其重要。每次研究一个神经元的反应或者研究所有神经元的平均反应时，只能产生不完整且具有潜在误导性的结论。有一种被称为降维的中性理论技术，应用这种技术有时能够发现隐藏在联合活动的高维模式中的简单结构（见主题 2 中的第 7 章）。但是，运用这些方法的一个隐性假设是研究中的所有神经元都是相同的种类，它们发挥着大致相同类型的作用。当我们同时研究更多区域的大脑，并思考神经回路的多样性和特异性时，这个假设便不成立了。

如果某种类型的神经元只有在一种反应模式出现在另一种细胞类型中时才做出反应，就像当神经回路的功能能够被调节过程打开或关闭时可能出现的情况，那会怎样呢？“指挥”少量几个神经元在一个长时间的实验中仅做出一次反应，这样它们对低维表征来说就仍是隐藏的，但实际上它们对神经回路的计算非常重要，那又会怎样呢？在这类情况中，除非我们有意识地寻找，否则可能不会发现数据中的这些特征。与纯粹的自下而上的数据挖掘相反，之前的理论原则或假设会成为分析过程的一部分。有时这足以让数据为自己说话，但这种“说话”也只有通过主动的、有创造性的数据探索才能实现，靠蛮力是不行的。

为了对神经数据进行灵活的、探索性的分析，我们必须扩大分析的范围，处理我们正在开始收集的大量数据集。通过典型双光子钙成像实验：监控一小块小鼠皮层中大约 1 000 个神经元的反应，能够产生 50 GB ～ 100 GB 的数据；而通过典型光片成像实验监控斑马鱼幼体整个大脑大约 10 万个神经元的神经反应，能够产生 1 TB ～ 5 TB 的数据（见主题 1 中的第 2 章）。更快的帧频和更长的时间很快就能让每个实验产生 100 TB ～ 200 TB 的数据。相比之下，社交网站 Twitter 和 Facebook 每天都能从用户那里收集到几百 TB 的数据。因此神经科学很快将进入堪比互联网这种规模的大数据领域。

在这样的数据规模上，即使简单的数据分析也需要花费数小时或数天，更复杂的分析有时是毫无可能的。探究性的数据分析需要尝试很多种形式，如果每个分析花费一天，那么庞大的数据量将成为阻碍研究进步的瓶颈。幸好，诸如谷歌、亚马逊网站等机构对“大数据”的巨额投资产生了新的分析方法，比如谷歌的 MapReduce 和开源的类似应用 Hadoop，它们促成了大规模的分布计算。1 TB 的数据可以由云分布的集群来分析，而不是在单个研究者的计算机上进行分析。大型计算机网络的自动化前端使得科学家可以专注于研究算法的目的，而不用去关注工作在云端被分布、安排和执行的细节，因此发现原本不可能的新分析法便有了可能。

在我自己的实验室中，针对神经数据分析问题，我们采用了最新、最令人激动的大规模数据加工平台之一，即 Apache Spark 开源项目。Spark 最初被用于工业中，但由于三项关键的技术进步，它非常适合分析神经科学的数据。

第一，它为数据分享引入了一个原语，这样分布的数据就可以被存入缓存，可以被预先加载。在分析神经数据时，我们常常希望加载这些数据，运用以上描述的各种方法进行分析，并对结果进行交互式检查。Spark 不需要为每次分析重新加载数据，它可以将几个 T 大小的数据缓存在分布式的内存中，这样便可以快速获取数据，就好像数据被存在本地机器上，并能够支持包含许多迭代的复杂算法一样。

第二，Spark 通过它的应用程序界面 Scala、Java 和 Python 能够提供有效的抽象，这样书写分析和对分析进行原型处理就会变得容易，有助于使用者将注意力集中在算法上，而不是集中在执行的细节上。

第三，Spark 包含 Spark Streaming 模块，用于处理实时的流数据。Spark 本身是一套分布计算的原语，在其基础上我们建成了 Thunder 文件库，用于进行快速、方便、交互式的大规模神经数据分析和呈现。有了这个文件库，以前需要进行一天的分析现在只需要几秒钟或几分钟就可以了，支持的内容包括回归分析、时间空间因子分析、时序建模和其他更复杂的分析。这个文件库史无前例地为神经科学界提供了进行大规模探索性神经分析的机会。

分析之外的洞见

扩大数据分析的规模非常重要，但这只是神经科学研究进步的先决条件，而不是进步本身。尤其当研究更加复杂的行为或感觉表征时，几近无限数量的输入将会产生自被研究的动物、被跟踪调查的行为或被检测的目标任务配置。有效地探索这些选项并不是数据分析要解决的问题，要解决的是将目标实验设计与分析紧密结合。在很多情况下，我期待最终答案并非来自分析，而是来自一个巧妙且极其简单的实验。

举一个关于我的毕业设计研究内容的例子。这项研究的关注点是：在灵长类动物的视觉系统中，视觉信号是如何被表征并沿着加工通路发生改变的。很久之前我们便知道，视觉的早期加工者，即视网膜和丘脑会在我们的视野中表征光明和黑暗。皮层加工的第一个阶段，即初级视皮层（V1）不仅表征了光的存在，而且表征了反光物体的形状。初级视皮层中的神经元反应特异性取决于反光物体的特征，比如是一个长条或者其边缘是水平的、垂直的，还是对角线的。这种“方向选择性”是由大卫·休伯尔和托斯滕·威塞尔在 1959 年发现的，这个发现为视觉信息的皮层表征提供了论点。然而在 V1 之上还存在着更多层次结构的区域，其中包括 V2、V3、V4 以及更多。研究者认为，每个层次表征的是视觉场景中越来越复杂，与行为越来越相关的方面。我们对大多数这些区域的认识还很有限，但 V2 是最令人困惑的区域。我们发现，更高层次的区域包含着仅对复杂物体和形状，比如面孔，做出反应的神经元。但是经过了几十年的研究，V2 神经元的功能依然是个谜。

描绘视觉反应的一种方法是靠蛮力来收集数据：我们测量神经元对一组随机的光亮与黑暗模式做出的反应时，有些反应能够显示出神经元在对什么进行编码，之后我们会检验引发这些反应的模式子集。这种方法在研究 V1 时很成功，显示出了物体边缘的方向特征，但在研究 V2 时效果不佳。当时我们推测，这是因为 V2 中的反应会有选择地对视觉元素进行编码，这些元素比在 V1 中被编码的元素复杂得多，因此无论实验的时间有多长，都不可能出现随机的模式。当初的这个猜想现在已经基本被证实了。另外，这些视觉元素也很难通过直觉来识别，它们不同于面孔或者物体。

作为靠蛮力收集数据的替代方法，我们通过整合几部分计算与神经科学的知识，创立了一种关于 V2 在做什么的假设。这些知识包括 V2 神经元所接收的输入信息的种类，我们对这些输入进行计算，推断理论上会体现出什么样的图像特性，以及图像中的哪些特性会被动物偶然遇到。因此从动物行为上看，编码是很有帮助的。假设的关键在于：V2 的神经元不仅关注有方向性的模式，而且关注它们在组织与统计上的相互依赖性。换句话说就是，它们关注两种方向或两种尺寸的模式，在图像中是否倾向于相伴出现。我们采用这个假设，结合图像合成的计算机算法，构建出了针对 V2 神经元的视觉刺激。然后我们开始实验，记录 V1 中和 V2 中的神经元对这些刺激的反应。我们发现，此时神经元对这些刺激的反应，能够比以往的研究更好地区分出这两个大脑区域。

然而，这些实验并没有完全揭示出 V2 的功能。它们还有基本的局限：我们记录了动物在非自然的活动背景中，比如让动物看屏幕上的图像时，其大脑每个区域中少量神经元的活动，而且我们并不知道其细胞类型和层次特性。但是，当我们在其他系统中获得更丰富、更复杂的工具与数据集时，也应该记住：我们通过实验得到了有关神经计算的重要发现，它不是来自收集的庞大数据集，也不是来自复杂的分析，而是来自计算驱动的洞察和精心设计的实验刺激。

大规模神经数据分析的时代正在拉开帷幕，但分析与实验相互作用的重要性已经成为实验室研究的核心。例如，在与米沙·阿伦斯的合作中，我们使用全脑钙成像技术来监控斑马鱼幼体完成任务时的反应。在这些任务中，简单的感觉输入会引发动物的运动行为。我们开发了大规模的分析方法，试图找出并厘清与感觉加工、运动行为、持续的神经动力学有关的，或这三者混合起来的相关信号。这些分析提供了有关神经计算的空间、时间结构方面的喜人成果。然而，同样的分析往往会激发新的实验诞生，在新实验中，我们通过受到控制的但依然具有行为学重要意义的活动，分离出每一个不同的组成部分。事实证明，理解这些数据需要新的分析，这些新的分析往往比引发实验的探究性分析更有针对性。分析和实验依然在不断地相互作用、相互影响。

大脑新趋势
THE FUTURE OF THE BRAIN

对于未来的神经科学，分析与实验的相互作用非常重要。神经科学领域中出现的一个假设是：要想获得成功的策略是收集大量数据，然后从数据中提炼出对大脑的工作原理的解释。

在某些领域中，有个相当静态的策略，即先收集数据然后进行分析。这个策略可能既是合理的也是有益的。我们以从解剖图像中分割出神经元来确定连接举例，达到这个目标需要非常强大的算法以及目标本身是清晰的，因此分析了多少是可以独立于数据获得和实验的。但是，如果问题的界定越不清晰，那么这种静态的策略就会越不现实。在大多数情况下，我们不知道自己想要收集什么数据。即使我们清楚要进行什么类型的测量，例如，对斑马鱼幼体进行全脑钙成像，或者对小鼠皮层进行双光子钙成像，也不清楚在收集数据时有机体会做出哪种行为，或者会体验哪种环境。很难想象我们能够运用适当的分析法从单一的巨大数据集中获得真相，尤其是当我们认为可以实施的其他实验几乎无穷无尽时。相反，我们需要一个迭代的过程，来来回回用分析工具识别数据中的模式，并且用重新获得数据的模式来引导后续的实验。经过很多次迭代之后，我们找到的模式可能会合并成规则与主题，这些主题甚至可能延伸到不同的系统与形式中。如果幸运的话，我们最终将找到神经计算的理论，它们不仅影响着我们的实验设计，而且将成为神经科学研究的基础。

主题 3

模拟大脑

Simulating the Brain

欧洲正在进行一个模拟人类大脑的计划，投入资金超过 10 亿欧元。项目的领导者之一肖恩·希尔，描述了这个人类大脑项目的计划。克里斯·埃利亚史密斯描述了一种替代性的研究方法。项目一开始便描述单个神经元以及神经元之间突触的详细细节，项目的目的是向上研究，从详细理解神经元连接的逻辑到理解这种连接如何促成了行为。埃利亚史密斯从行为开始，试着建立反映行为与心理机制的更抽象的模型，并忠实于已知的有关神经构成的事实。

10 全脑模拟

肖恩·希尔（Sean Hill）

多伦多大学医学院教授，以开发脑电路和神经信息学的大规模计算模型而闻名

理查德·费曼（Richard Feynman）有一句名言："我创造不出来的东西，我也理解不了它。"为了真正了解大脑，我们需要在大脑图谱、计算机模型和模拟中重现大脑的工具。

在本篇文章中，我会谈到人类大脑工程，最近这个项目获得了欧洲委员会的资助，他们在10年间会提供大约10亿欧元。大脑工程的目的是提供一系列基于信息和技术的平台，促成全球神经科学家的合作并推动神经科学、医学和计算领域的创新（见彩图8）。将要发布的平台涉及神经信息学、医学信息学、大脑模拟、高性能计算、神经形态计算和神经机器人学。全球的研究团体都可以开放地使用每一个平台。这些平台的目的是汇集有关大脑的数据，将它们整合为统一的大脑模型，进行模拟、分析并呈现结果，再进行检验假设。大脑工程的另一个目的是引发全球性的合作，让所有人共同来认识人类大脑，同时推动神经科学、医学与未来计算的进步。它的主要目标是让科学家在10年内能够建立完整的大脑模型和模拟大脑。

先创造，再理解

实际上，所有的神经科学家都知道我们尚未搞明白大脑。那我们怎么建立一个自己还不理解的事物模型呢？我们是否应该等到弄懂了大脑再创建它的模型呢？或者创建模型本身便是理解大脑的一个重要工具？在人类大脑工程中，组织数据并找出遗漏的数据，评估可获得的数据，能让我们对大脑的结构与功能多些了解，这对理解大脑来说至关重要。目前我们缺少搜索和获得神经科学数据的工具；缺少能告诉我们哪部分大脑已经被描绘了，哪部分还没有被描绘的完整图谱；还缺少评估某些数据对理解大脑功能是否重要的工具。

目前我们对许多大脑基本问题的理解还很不充分。比如，为什么大脑具有许多不同类型的神经元？我们知道大脑中存在着几千种不同的神经元，它们具有独特的电特性与形态特性，但目前我们还不知道它究竟有多少种不同的类型。我们也不知道将神经元的种类简化为两种神经元，即抑制性神经元和兴奋性神经元是否合理。通过构建包含各种类型神经元的模型，哪怕是构建一个神经回路，我们便能够开始评估在不同条件下每种神经元的作用，发现它们在健康大脑中的功能，以及在大脑疾病中的潜在影响力。有了对神经元的全面了解，我们就可以知道对步骤进行简化是恰当的还是不恰当的。

全脑建模与模拟有助于形成有关大脑高级功能的最佳理论，并用基础的神经科学数据来检验它们的一致性，这些都可以帮助我们理解大脑。模拟是这些高层次理论的试验场，有效的理论必须与生物学数据保持一致。

对大脑进行建模的方法有很多，但目前来看没有一种是公认的。自下而上的建模从描述最底层的细节，比如从描述基因、分子、神经元、突触和回路的数据开始，目的是忠实于当今神经科学实验室测得的生物学细节。自上而下的大脑建模，包括在抽象层面建立并检验有关大脑功能的理论，都会导致单个细胞和突触的细节被忽略。自上而下的大脑理论旨在提供重要的高层结构，这些高层结构就像脚手架，生物学细节可以被构建在它的上面。目前大脑功能的高层模型已经能够再造一些基本的认知过程与行为了，而自下而上的高保真生物物理模型，能够表现出许多与形成细胞活动、突触活动，乃至微回路活动有关的基因表达细节。然而，目前还没有模型能准确地预测基因表达与认知或行为之间的关系。人类大脑工程的目的是在两者之间建立联系。

数据在哪儿

创造全脑模型的一个先决条件是神经信息学这门新学科的出现。利用计算机技术可以帮助解决神经科学家面临的组织、分享数据的挑战，并从中获得一些重要发现。

科学家已经获得了足足有几百页纸，达到拍字节量级的大脑数据。这些数据描述了许多大脑层次的细节，而且科学家获得数据的速度正在变得越来越快。自从 1990 年开始，仅相关出版物的数量便从大约 3 万种增加到了 2013 年的近 10 万种。大规模数据集的数量和容量也在迅速增加，最近，对单个人脑进行扫描获得的数据便消耗了 1 TB 的存储空间，这足以占满一台笔记本电脑的硬盘。

艾伦脑科学研究所是人类大脑工程项目的合作伙伴，他们展示了神经科学如何能够产生巨大规模的数据。艾伦脑科学研究所的第一个大脑图谱包含小鼠大脑中全部 21 000 个基因的基因表式。在一项描绘小鼠大脑神经连接的研究中，艾伦脑科学研究所产生了超过 1 拍字节的数据。如今，利用保罗・艾伦进一步的投资，研究所正计划在未来 10 年中获取大量有关小鼠和人类大脑细胞类型、神经回路和行为的数据（见主题 1 中的第 3 章）。与之类似，美国的人类连接组工程正在产生若干拍字节的数据，这些数据描述了人类大脑神经通路的主要连接，以及它们与个体遗传特征的关系。美国的大脑计划通过发展新技术，同样显著地增加了有关大脑结构和大脑活动的数据量。其他计划，比如鼓励数据共享，旨在改善科学数据质量的计划，同样将大大增加我们所获得的数据。

我们将如何运用这些数据呢？每位科学家只能阅读每年出版物中的一小部分，对每一位科学家来说，理解大脑功能或结构的诸多方面无疑是一个巨大的挑战。有时他们甚至很难确定地知道某个实验是否已经被做过。

这些项目和计划最初源于神经科学家开发并在全世界分享的许多网站、数据库、搜索引擎、分析服务和工具。20 世纪 90 年代，脑科学的发展促进了全美医学研究院人类大脑工程项目的诞生，它鼓励并资助神经科学家通过实验得到数据，并在在线数据库中分享神经科学的研究数据。然而，整合这些数据的挑战也随之而来，每个实验室都会用他们自己的方法收集数据，用他们自己的语言描述数据，并且用他们自己的方式组织数据，最终将许多不同的数据格式呈现在数据库中。因此，尽管希望获得有关大脑的发现，但不同的实验室很难将数据汇总到一起。例如，很多实验室无法就神经元的种类数目达成一致意见，甚至在细胞类型的定义上也都存在分歧，更不用说给神经元统一命名了。

对神经科学研究来说，一个关键的要素是数据整合，即为了理解数据之间的相互关系而进行的精确的数据注释和管理。我们需要现代的数据整合方法，其中包括准确的元数据注释，描述协议、方法、大脑结构的标准词汇表和实体论，协调空间与“大数据”分析的参考对象，以及对大量多尺度数据集的数据整合。“数据密集型科学”这个术语常被用于表示在数据驱动下利用现代分析技术与机器学习法，在数据海洋中找到科学模式与结构的一门学科。

物理学家想要找到一种新方法，以改善世界各地科学家之间的合作，于是互联网被发明出来了。随着这项技术被引入日常生活，每个人都感受到了信息技术革命对他们生活的影响：获取信息、新闻，购物，社交网络，在线音频和视频，大量的在线计算服务。随着互联网的普及，在过去几十年中世界发生了改变，神经科学需要采纳这些互联网工具和技术来分享、整合有关大脑的数据。

为了应对这些挑战，经济合作与发展组织全球科学论坛（Global Science Forum of the OECD）设立了一个国际组织——国际神经信息学协调委员会（于2005年成立）。这个组织规定了全球神经科学家分享并整合数据的协调标准和基础结构。国际神经信息学协调委员会协调了全球神经科学家一致赞同的有关大脑结构与神经元的词汇表，调整了绘制大脑图谱的系统、数学建模语言和元数据，提出了格式标准。国际神经信息学协调委员会和合作伙伴紧密配合，其中包括艾伦脑科学研究所、奥斯陆大学、杜克大学、爱丁堡大学等，一起为记录小鼠的大脑数据开发了“瓦克斯霍尔姆空间”这个标准的坐标空间，以及有利于小鼠大脑图谱之间进行转化的网络服务。

另外，国际神经信息学协调委员会在与神经科学信息框架组织（Neuroscience Information Framework，NIF）的合作中，形成了神经科学界一致认可的实体论，以及神经元与大脑结构的命名法。国际神经信息学协调委员会组织全球专家组成工作组，并让他们制订新的标准、工具、服务和指南。多个全球性大规模大脑计划正在展开，国际神经信息学协调委员会在协助这类全球性项目之间建立标准与基础结构上具有优势。委员会同意在人类大脑工程神经信息学平台上协调构建大脑图谱的一些工具，而人类大脑工程将依据国际神经信息学协调委员会的基础构建，尽可能坚持国际神经信息学协调委员会的标准与方针。

下一代的大脑图谱

神经信息学新兴的一个工具是创建新型大脑图谱的工具，这个工具对建立全脑模型至关重要（见主题1中的第1章）。大脑图谱对于进一步理解大脑的组织结构具有非常重要的作用。传统的大脑图谱主要涉及解剖结构，聚焦于区分不同脑区的大脑标记和特征。如今，新形式的大脑图谱正在生成，它们整合了许多类型的数据。例如，科学家正努力将有关基因表达的数据、细胞数据和有关神经连接的数据整合成新的大脑图谱。通过将多种类型的数据整合在一个图谱中，我们能够洞悉神经元之间重要的关系和大脑工作的原理，也可以了解不同脑区中不同类型的细胞是如何互相联系的。

早期的研究者同样得依靠大脑图谱，尽管最初的图谱很粗糙，且容易出现错误。如今，神经科学家正开始建立汇集不同类型数据的大脑图谱，并协助完成正在逐渐显现的复杂大脑图谱的各个层次。在这种新一代的图谱中，确定的数据会被登记供检索使用，这将成为组织和分析大脑数据的重要方法。大脑图谱的建立依靠两个关键方法，一种方法是用科学家一致同意的词汇表或实体标注数据，在标准化的图谱坐标空间中确定数据的位置。当今的神经科学家会使用不同的词语指代同一个脑区。例如，在视觉系统中，丘脑网状核、网状核和背外侧膝状体核指的都是同一个大脑结构，这使得我们查看有关某个脑区的所有数据变得很困难。实体论规范了这些大脑结构的定义和名称，会让它们之间的关系很清楚。另一种方法是，利用空间坐标注释数据所测得的位置，这关系到丘脑网状核的体积大小。下一代语义网络技术采用的数据监护与注释法，会让空间坐标以及每一个数据片都将成为整合大量知识的大脑图谱的一部分。

由来自洛桑联邦理工学院、卡罗琳学院、奥斯陆大学、于利希研究中心、马德里理工大学和内梅亨大学的研究团队，协同建立了神经信息学平台，这个平台将为研究汇集了来自世界各地的有关小鼠大脑与人类大脑数据的图谱提供工具，帮助研究人员整理其中的神经科学数据。它将为科学家提供分析大脑结构的数据，包括电子显微照片和光学图像。它也提供分析大脑功能的数据的工具，这类数据包括细胞内的单细胞电压曲线以及数百个神经元的同步记录。它还将为预测神经科学分析提供工具。预测神经科学会利用所有可获得的数据和数据范围，预测出描述神经系统结构中所缺少的数据。所有的数据、分析和预测都将被记录在大脑图谱上。这些神经信息学大脑图谱将成为受到质量控制和监管的唯一数据来源，这些数据会被用于构建大脑模型。

预测神经科学

我们不太可能完整地绘制出人类大脑，也不可能包含所有测得的和量化的构成要素与它们间可能的相互作用。此外，许多可获得的数据只能来自其他动物，包括小鼠。因此神经信息学的一个关键部分，甚至整个项目就是运用预测神经科学，即基于可获得的数据和知识，利用理论找到缺失的数据和参数。例如，用单个细胞的基因表达数据结合免疫组织化学染色，来预测某个脑区中细胞类型的构成。另一个例子是，找到支配突触配置与其他突触参数的原则，这样我们便可以在完全描述出突触通路的所有特征之前构建出一个模型。预测神经科学将会被用于预测缺少的数据，之后这些预测会成为后续进行的检验和进一步定向实验的焦点。

以突触定位为例，蓝脑计划（Blue Brain Project）最近的研究显示，通过轴突和树突的形状，我们有可能预测出许多类型的突触通路中突触的分布。研究还发现，这个原则存在一些例外，这一发现正引导着后续以获得定向数据为目的的实验。另外，研究显示，每个神经元都具有独特形状的事实对确保皮层连接图保持稳定不变，以及对增强抵抗力都是非常重要的。微观规模的连接已被科学家用于推导支配微观规模皮层连接的原则。因此，预测神经科学是完善数据、定义新实验、对这些实验进行优先级排序以及找到重点神经系统原则的关键工具。

构建大脑模型

由人类大脑工程项目领导，洛桑联邦理工学院、德国刺激科学研究院和斯德哥尔摩的瑞典皇家理工学院参与的大脑模拟平台（Brain Simulaiton Platform），将通过建立蛋白质、细胞、突触、回路、脑区和整个大脑的模型来指引神经科学家的工作。在每一个步骤中，一位科学家通过网络界面选择构建模型必需的数据、分析方法和建模方法，从所选数据集中推导出来的默认参数将被插入建模工作流，但科学家可以重写这些参数，自由地检验实验假设。例如，工作流可能占据了一个神经回路，这是一个正常大脑中的神经回路，其神经元很密集。但是，研究者想用这个平台检验神经元密度降低会产生什么影响，就像在退行性神经疾病，比如阿尔茨海默病中发生的情况。这可以通过重写回路创建工作流中的细胞密度参数来实现。

所有已知的细胞类型将会被用于构建大脑回路，并占据相应的位置。例如，在蓝脑计划中，我们在小鼠的皮层微回路中识别出了55种不同形态的神经元。通过能够展现每种神经元类型统计特性的算法，我们可以直接从真实神经元和突触的重建中推断出神经元模型的形态学。科学家会进一步找出基因表达与形态特性之间的关系，目的是通过转录数据预测形态类型。这对于构建人类大脑回路的模型非常重要，在人类大脑回路中，细胞重建很难被捕捉到，而且很少发生。

除了具有不同形态的细胞类型之外，小鼠皮层回路中还存在11种放电类型，它们具有不同的放电行为。每种形态类型会表现出多种放电行为，形态类型和放电类型的组合会界定出更多的神经细胞类型。在皮层微回路中存在 207 种“形态电”类型。像形态学特性一样，建立一些可以通过基因表达预测电特征和放电行为的模型是非常重要的。了解这类原则，将是合成人类神经元模型的关键，目前我们还不能充分描述出人类神经元的特征。

通过算法我们能够确定神经连接。神经纤维在物理位置上的接近使得这种计算成为可能，但它会强加额外的限制，包括轴突结（axonal bouton）的密度以及树突棘。当我们发现支配连接的新规则、新原理时，便可以用它们去形成新的连接。

为了进一步完善具有特定活动模式的神经连接，突触可塑性法则被分层。我们模仿微回路构建脑区，长距离的连接会被分层，以便将它们连接成完整的大脑回路。在构建大脑功能模型的每一个阶段，数据都具有驱动作用，同时也会为优化过程提供限制范围。

使用大脑模拟平台的科学家还可以自由地添加他们自己的建模方法，利用神经信息学平台上的数据库，以不同的方式对模型进行限制和参数化，从而重建不同规模的神经系统模型。这样做为其他神经科学家提供了工具，让他们可以探究自己的研究数据在系统层面上的影响，帮助他们定义新实验并对实验进行优先级排序。

良性循环

检验模型是知识发现过程中一个关键的组成部分。在蓝脑计划中，每个新模型都会接受自动化检验和评估，并与几千个生物学实验发现进行比较。大家的注意力会被集中在模拟与生物学发现有差异的地方，当两者互相背离时，这说明可获得的数据或模型，甚至它们两者都不足以解释观察到的生物学数据。例如，在早期的一个模拟实验中，阻止整个中间神经元群体的活动并没有显著改变神经网络的活动。鉴于实验发现了明显相反的结果，因此研究者的注意力便被集中在了这群神经元的突触传导性上。通过寻找特定数据来更准确地模拟这些传导，模型得到了改善。再次进行的检验显示，这些细胞在塑造网络动态上具有重要作用。

运用模拟设备，如虚拟电极和模拟成像技术，科学家可以直接对模型的活动和他们自己的实验进行比较。在与艾伦脑科学研究所的科学家合作的过程中，蓝脑计划创建了一个局部场电位的模型：将一根电极丝置于大脑中，测量发出的信号。这个装配了电极的模拟实验发现，单个神经元活动与细胞外电极测得的“脑波”现象之间存在因果关系，树突电流可能会影响局部场电位。

如果模型复制了实验发现，那么这就证明测量数据能够解释实验发现。但是，如果模型没有复制特定的实验发现，那么结果同样能够提供有价值的信息，它可以引导神经科学家获取额外的数据，从而改善构建模型的过程。在任何一种情况下，模型都是一种重要的检验工具，能够检验神经科学数据对一个明确的科学问题的相关程度和影响力。

统一大脑模型

人类大脑工程的核心策略是不断制造出更新版本的统一大脑模型。统一的大脑模型能够通过复制大量实验数据，来很好地解释所有可获得的数据模型。或许也会产生检验新观点的分支机构以及模拟大脑回路的新方法，但能够复制大量实验发现同时解释大多数数据的模型将会被标示为最新版本。这模仿的是开源编码模型的发布，过程中许多贡献者会增添并改进，但联盟会发布统一改进后的新版本。当有人对模型的改进复制出额外的实验发现，同时不减少以前的结果时，它就会被认可为得到验证的新模型。

任何模型的新版本必须证明它是对以前版本的改良，必须能够复制出更多的实验结果。这样就形成了不断整合数据、不断改进模型的良性循环，形成整合了大量数据的统一模型，这些数据能够被用于检验新的假设、做出新的预测。

之后，这些统一的模型便可以被用作提取简化原则的重要工具。所有这些细节对于解释神经系统的功能来说都是必要的吗？去除篮状细胞会发生什么，或者将所有神经元的类型仅归结为兴奋性和抑制性又会发生什么？我们是否需要模拟完整的树突棘？统一的模型作为一种工具，它整合了最新数据和知识的新表征。利用统一的模型，我们能检验有关大脑结构与功能的简化假设。模型成了反复尝试不同简化策略和验证策略的工具，当某个特定的细节被省略时，我们可以研究它对大脑的活动和功能会有什么影响。正是这些简化，代表了我们将从人类大脑工程中获得的核心发现与原则。

行为：大脑－身体－环境的连接

行为是大脑的主要输出内容。大脑发出对肌肉的控制和运动信号，它们是行为和语言的基础。与此同时，大脑的主要输入来自我们的感觉：视觉、听觉、嗅觉、触觉和味觉。如果不提供给大脑感觉输入，我们便无法很好地理解大脑；如果没有动作输出，我们便无法理解大脑产生行为的能力。因此，为模拟大脑匹配一个模拟的身体非常重要。实际上，两者共同构成了一个闭环系统，它是理解大脑不可或缺的部分。

慕尼黑工业大学领导的神经机器人平台（Neurorobotics Platform）将构建一个能够提供模拟身体和感觉器官的平台，这些模拟的身体和感觉器官具有不同层次的细节，能够产生感觉输入，将运动输出信号从模拟神经系统的活动转化为虚拟运动。模型中具有虚拟的视网膜、耳蜗及其他感官，这些模型能够体现头的位置以及运动特征。此外，这个平台还将包括模拟的虚拟环境，它可以模拟真实世界的物理性质，模拟人类经典的行为、认知测试范式，以及模拟比较自由的环境。最后，这些模型会进一步发展，将脊髓与肌肉之间详细的相互作用囊括进来。但一开始的形式会很简单，比如只能将神经冲动转化为运动命令。模拟的身体和模拟的环境这两个组成部分，将会成为闭环模拟装置的核心，之后与大规模的大脑模拟结合起来。最终，这个平台能够模拟小鼠在迷宫中活动，这会为我们理解认知的因果机制，大脑如何产生记忆、做决定以及产生行为，提供重要的工具。

大脑新趋势
THE FUTURE OF THE BRAIN

瑞士沃州大学附属医学研究中心、洛桑联邦理工学院和伦敦大学学院领导的医学信息学平台负责研究分析大量临床数据，使得跨医院、诊所分享患者数据成为可能，从而积累有关人类大脑功能失调与大脑疾病的生物学特征。那意味着，在保护个体隐私的前提下用机器发掘许多患者的档案，找到阿尔茨海默病、帕金森病或抑郁症等疾病的显著特征。这些数据将被用于分析人口数据、实验室检查、遗传信息和大脑成像，以便发现其中的规律。然后，这些规律将被用于临床诊断，预测预后和为患者寻求新的治疗方法。疾病的标志性特征会显示出蛋白质水平、脑区体积和细胞密度等情况，这将决定整个大脑疾病模型的参数。通过这些模型，我们能够找出潜在的治疗措施。

伦理方面的考虑

模拟完整的大脑功能会引发重要的伦理问题。人类大脑工程项目已经投入大量资源来监控和探讨这些伦理问题。虽然模拟人类大脑还是很久以后的事情，但科学家、普通民众和社会组织现在就开始对话很重要。通过对话，我们可以制定引导政策，确定应该进行什么类型的大脑模拟。例如，建立一个比人类大脑更大的模型是负责任的做法吗？或者我们是否应该研究有意识的体验和痛苦？就像对待科学领域的所有进步一样，科学家与社会各界应该共同探讨，并制定负责任的政策与指导方针。

云集科学

人类大脑工程的一个目标是促进神经科学领域中新一轮的全球性合作。构建欧洲核子研究组织（CERN）的目的是把它作为物理学实验的国际资源站。与之类似，人类大脑工程项目的目的是成为神经科学的全球性资源汇集者，为理解大脑提供一种新工具。

大脑新趋势
THE FUTURE OF THE BRAIN

通过互联网，人类大脑工程为科学家提供神经科学研究数据，也提供建立模型和模拟大脑回路的工具。这个项目为全球神经科学界提供了前所未有的合作方式。人类大脑工程的门户网站还将整合科学社交网络，使公开分享数据、分析法、模型、模拟和出版物成为可能。这些优势会被完全归功于分享者，因此，这进一步激励了研究数据的分享与合作。看一看那些被使用或被评估得最多的数据集、分析法或模型，我们就能知道这项工程的影响力了。科学家可以参考人类大脑工程社交网站上的图表来确定自己需要收集的数据，应该建立的模型，或者应该发表的内容。门户网站还支持动态的团队创建，它可以把最好的研究者汇聚在一起来应对大脑研究中的特定挑战。如果有谁成功地召集了这样一个团队，那么其目的就是让一群科学家共同应对认识大脑与大脑疾病的挑战，而且团队中每个人的贡献都会得到赞赏。

世界各地出现了各种研究大脑及大脑疾病的组织和项目，比如艾伦脑科学研究所、美国的大脑计划、大脑意识研究、人类大脑工程，以及中国、日本和澳大利亚正在洽谈的新项目。任何一个计划都不可能单打独斗地完成认识大脑的目标，所以全球性的合作非常重要。

11 建立行为大脑

克里斯·埃利亚史密斯（Chris Eliasmith）
加拿大安大略省滑铁卢大学理论神经科学中心主任、教授

美国国家工程院（National Academy of Engineering）面临的巨大挑战之一是反向设计大脑。神经科学家和生理学家一致认为，这是一个巨大的挑战。

“反向设计”大脑究竟是什么意思呢？一般来说，反向设计就是对一个成品进行系统化的研究，研究它在许多描述层面上的行为表现，从而合成一个类似的产品。我们尝试识别出大脑的构成要素、工作原理，以及它的组织方式是如何影响系统的整体行为的。对于像大脑或芯片这样复杂的系统，合成产品通常由软件模拟来完成。

大脑新趋势
THE FUTURE OF THE BRAIN

大脑的反向工程会带来许多益处。例如，它能使我们更好地理解大脑的生物机制，以及大脑为什么会生病。在更抽象的层面上，大脑的反向工程使我们能够发现有效的信息加工策略，并将它们引进我们设计的装置中。或许更令人吃惊的是，我们对物理计算基本性质的理解同样会从这类研究中得到提升，毕竟神经元的计算不同于传统的电子芯片。总之，大脑的反向工程将使我们：①理解健康的和不健康的大脑，发展新的医学干预法；②发展新的算法，以改善现有的机器智能；③发展新技术，利用神经计算展现出的物理规律。

目前已经有几个大规模的大脑模拟项目正在建设中，它们的目的是理解数百万个神经元或者更多神经元的行为。美国国防部高级研究计划局（DARPA）支持了IBM公司的SyNAPSE工程，该工程的目的是模仿大脑创建一种新的计算类型。这支团队最近宣布，他们完成了5 000亿个神经元的模拟，要知道人类大脑中有近1 000亿个神经元。SyNAPSE工程中模拟的每个神经元都类似真实的神经元，能够产生动作电位或峰电位进行通信，而且研究者纳入了单个神经元的一些生理特点。它们比真正的神经元简单很多，比如它们没有空间幅度，只模拟了神经元中已发现的许多电流中的少数。大脑模拟领域的另一个大腕是人类大脑工程，它源于瑞士的蓝脑计划，到目前为止，它已经模拟了100万个神经元。尽管与SyNAPSE工程比起来，人类大脑工程模拟的神经元总数少很多，但该工程志在非常细致地模拟单个神经元，展现神经元的形状、数百种电流和每个神经元峰电位的动态。增加生物学细节研究的代价是，从计算角度看，模拟每个神经元都会变得很费力。在SyNAPSE工程中，模拟每个神经元只需要很少的公式，而在人类大脑工程中，模拟每个神经元需要几百个公式。虽然通过增加更多复杂的分子动力学或者将神经胶质细胞的重要作用纳入进来，人类大脑工程中的精细程度便能够被超越，但目前这种程度的生物保真性已经比其他大规模模拟项目高了很多。

从反向工程的角度来看，大规模模拟是研究发展的重要步骤。它们为通过计算来模拟大量神经组成部分提供了可行性。然而，现有的大规模大脑模拟，比如SyNAPSE工程和人类大脑工程，在反向工程方面缺少成功的关键要素，即展现大量的神经组成部分与行为有着怎样的关系。然而，目前这些模型还不能记忆、观察、运动或学习，因此很难从大脑功能的角度来评估它们。

行为与大脑

我的研究团队采取了一种不同的方法来了解人类行为的神经科学基

础。我们最近研究的模型叫 Spaun，直译为指针架构统一网络（Semantic Pointer Architecture Unified Network）。它有一只眼睛，能够把看到的数字图像转化为输入信号，它还有一条模拟手臂，手臂的移动便是行为输出。研究者随机手写一个数字，Spaun 的视觉系统会对它进行压缩，使 Spaun 能够识别这个数字并将它映射为概念表征或“语义指针”。通过将概念表征与它在清单中的位置捆绑起来，并将结果存储在工作记忆中，概念表征会被进一步压缩。任何数量的数字都可以成排显示，并会以这种方式被加工。一旦问号显示出来，Spaun 便会对工作记忆进行解码，将其中的各个项目解压缩到每个位置，并将它们传递到运动系统，然后显现出来，直到所有的数字都被处理完。图 11-1a 是取自这个任务的模拟影片的一帧屏幕，即从模拟时间进程中选取了 2.5 秒。最后，输入图像在右侧，而输出的图像则被手臂画在旁边的平面上。相似的神经元会彼此临近，那些具有空间组织性、经过低通滤波器的模拟神经元活动，会被恰当地描绘到相应的皮层区域，并用不同深浅的灰色显示出来，深色表示活性高，浅色则表示活性低。大脑周围泡泡状显示框（我们称其为“思想泡泡”）显示了峰电位序列中的例子，解码后的结果在重叠的文本中。对于纹状体（Str），思想泡泡显示的是经过解码的可能行为的效用。在苍白球内侧中（GPi），被选定的行为颜色最深。在 Spaun 内部，有 250 万个神经元会产生峰电位，对输入进行加工后表现为识别并记忆数字；之后产生相应的输出，表现为用手臂把数字画出来。在图 11-1b 中刺激那行显示的是输入图像。“A3”表示它在执行任务 3，即执行系列记忆任务。三角形为输入提供了结构，问号表示需要做出反应。手臂那行显示的是 Spaun 写出的数字，其他各行代表了它们相应的解剖区域。灰色的实线相似性图显示了峰电位光栅图的解码表征及其与 Spaun 词汇表中的概念之间的点积，比如相似性。这些神经元模拟的是大脑中大约 1 000 个不同脑区中的 20 个脑区（见图 11-2a）。研究者选择这些脑区来模仿一些简单的功能，同时保持数据在计算上的易处理性。Spaun 使用的神经元生物物理模型相当简单。就像在 SyNAPSE 工程中一样，描述每个神经元只需要几个公式。这些神经元通过动作电位，即峰电位进行通信。当影响相邻神经元的突触时，这些峰电位就会引发 4 种模拟神经递质中的一种产生变化。大脑生理及解剖结构的细节水平，需要再一次在计算上的简化性与功能性之间做出折中。

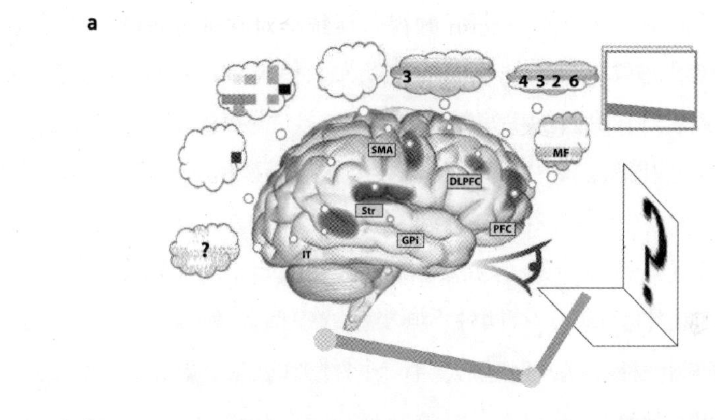

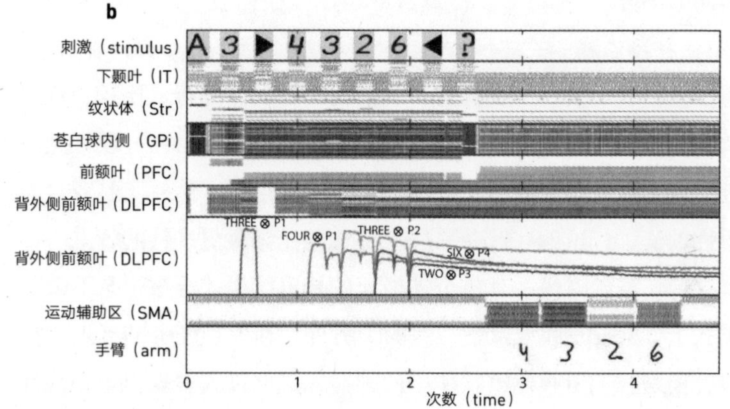

a. 对 Spaun 实施的加工概念描述。
b. 4 个数字的系列工作记忆任务中，一次尝试的时间进程。从相关群体中随机选出的 2 000 个神经元形成了本图中的光栅图，其中舍弃了变化不足 10% 的神经元。

图 11-1　Spaun 中的工作记忆任务

资料来源：Eliasmith，2013。

相对于 SyNAPSE 工程和人类大脑工程，Spaun 的一个优点在于，它是像大脑一样的整体结构。SyNAPSE 工程中巨量的神经元之间毫无差别，或者说它们具有统计上的一致性。在 Spaun 中，神经元被组织起来，共同反映了已知的大脑解剖结构与功能。其中一部分神经元可以模拟额叶皮层中的神经元，它们在工作记忆和追踪任务背景上发挥着重要作用。另一部分神经元可以模拟基底神经节学习新的行为策略，并控制许多皮层中的信息流。还有一些神经元可以模拟枕叶中的神经元，使得 Spaun 能够通过视觉识别出它以前从来没有见过的手写数字。Spaun 中的神经元具有生理上的相似性，它们可以使用在脑区中发现的相似种类的神经递质；它们在功能上也有相似性，像在大脑中一样，模拟的神经元会在类似的行为情境下以类似的方式被激活，并且以相似的方式与相应的脑区连接起来（见图 11-2a）。例如，在模拟的基底神经节中，有两种不同类型的中型多棘神经元。它们接收皮层投射，是抑制性神经元，但它们具有不同种类的多巴胺受体，并且会投射到苍白球不同的部分。

为了评估这个模型，我将它与一系列实验数据进行了比较。这些数据来自科学家对神经生理学的研究和对行为的研究。例如，在一项常见的强化学习任务中，大鼠要学会分辨几种行为中哪一种最好，然后实验者会给予它某种概率性的奖励，这就好像在赌局中挑选能让你赢更多钱的牌桌一样。当动物完成这项任务的时候，其单个神经元的峰电位模式会被记录下来。在行为选择模式上，Spaun 和大鼠是一致的。另外，在这项任务的延迟、接近和奖励阶段，模型和大鼠腹侧纹状体中的神经元放电模式表现出了相似性。

有几个实验显示，Spaun 的神经元放电模式复制了它从真实大脑中学习到的模式。与猴子完成简单的工作记忆任务时呈现的峰电位数据进行比较，Spaun 在完成相同的任务时，神经元群体单个神经元表现出了相同的功率谱改变。与之类似，通过比较来自猴子的视觉任务数据，我们已经证明，模型初级视皮层区域中的神经元调谐与从猴子大脑中获得的记录相同。在每一个实验中，研究者采用相同的方法对来自模型的峰电位数据和来自动物的峰电位数据进行分析，之后对两者进行比较。

虽然单个神经元数据的匹配有助于增强我们对模型基本机制的信心，但如果想要了解人类的认知，那么这类数据往往是不可获得的。因此，在对人类认知的研究中，我们不得不更多地依赖行为比较。在许多情况下，Spaun再一次体现了很好的一致性。例如，在一项连续的工作记忆任务中，系统需记住并重复一系列数字，Spaun所犯的错误种类、频率与人类的一样（见图11-2b）。这说明，模型中的神经机制似乎是合理的，尽管证据并不直接。与之类似，当默念数字时，Spaun每数一个数所用的时间和人所用的时间一样长；而且它也像人一样，数的时间越长，反应时的变化就会越大，这效仿了心理物理学领域中著名的韦伯定律。我们还要做很多测试，但当我们以各种方式，包括用神经科学的方式和行为科学的方式来不断检验这个模型时，就会进一步证明我们在大脑反向工程中使用的原则是正确的。

与上文的比较一样，实验使用的也是Spaun模型，这使它更有说服力。像Spaun这类数学模型的参数，往往会被调整得与特定的实验结果保持一致。这会让科学家担心模型“过于符合”某个实验或某种类型的实验。为了减轻这种担忧，我们已经做了很多努力。例如，工作记忆的衰减率是根据人类认知实验的数据确定的，它们不包括Spaun完成的8项任务中的任何一项。其他很多参数是根据神经实现的3个基本原则自动确定的，我们经过十多年的研究才总结出了这3个原则。[1]然而最重要的是，无论确定这些参数的方式是什么，它们在Spaun完成所有任务的过程中始终保持不变。说得更准确些就是，模型只有通过学习才能改变它自己。通过在实验中保持这些参数不变，之后比照各种各样的实验结果来检验这个模型。我们发现之前预测它“过于符合”的担忧变得越来越站不住脚，因为我们所选的参数显然不仅适用于一种或几种实验条件。①

①

正文中使用不带圈的数字上标提示此处内容有相关参考文献，考虑到环保的因素，我们为本书制作了电子版的参考文献。请查看全书最后的“本书阅读资料包”页，扫描下方二维码，即可获取参考文献和更多拓展阅读资料。——编者注

a

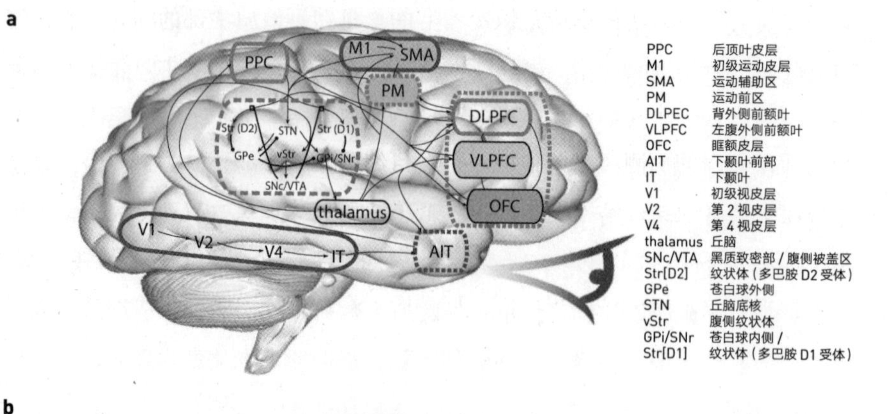

b

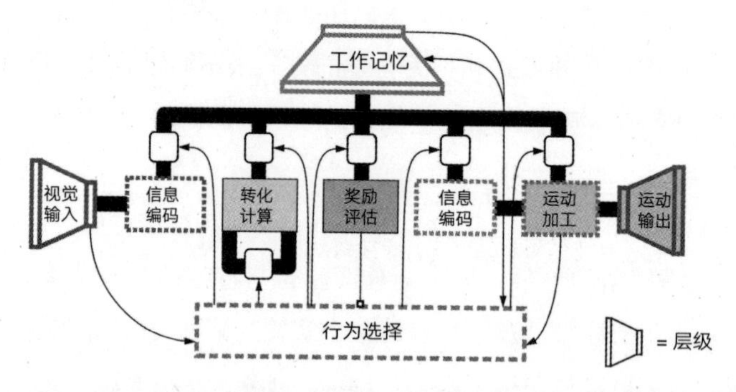

a. 画在大脑缩略图上的模型解剖结构，采用了标准的解剖学术语来表示模型的组成部分与脑区之间的对应关系。带有圆形末端的线表示抑制性投射。带有方块的线表示模型在学习时使用的调节性连接。其他连接则是兴奋性的。

b. 模型的功能组织方式，展示了组成部分之间的信息流。粗线表示的是模拟皮层组成部分之间的信息流，细线表示行为选择机制，即基底神经节与模拟皮层之间的信息流。圆角的框表示模型能够被操纵的组成部分，从而控制亚系统中的信息流。连接奖励评价与行为选择的圆形末端的线表示这个连接调节着连接的重要性。图 a 中线的形式和粗细代表了到相应解剖结构的映射。

图 11-2　Spaun 模型的架构

资料来源：Eliasmith，2013。

构建这类模型的核心原因之一，是明确关于大脑的工作原理，它能告诉我们一些知识。对于 Spaun 目前已经形成了一些预测，这些预测正在接受科学家的检验。例如，在回答问题的任务上，模型表现出了特定的犯错形式，尽管它回答问题的反应是恒定不变的。越接近清单中部的问题，它回答错的可能性越大。据我们所知，研究者还没有对人类进行过类似任务的测试，因此它是一个可以用于检验模型的理想预测工具。Spaun 还提出了一些神经活动方面的预测：当单独把一个项目编码到工作记忆中时，神经活动会表现出类似的模式，这不同于把同一个项目与其他项目一起进行编码。具体来说就是，随着项目的增加，Spaun 中神经放电的相似性会呈指数级降低。这个预测与其他对工作记忆的模拟相矛盾，在其他模型中，相似性会一直保持不变。因此，这个预测可以很好地检验 Spaun 的机制和假设是否成立。

相对于产生大量神经活动，几乎没有对可观察行为的大规模模拟，我认为，Spaun 为我们提供了关于大脑组织方式与大脑功能的可量化发现。

模拟灵活的协调性

相对于其他架构，Spaun 的重要贡献在于，它能够做出各种不同的行为，就像真实的大脑一样。例如，Spaun 能用它的视觉系统识别数字，然后这些数字会被排列到清单上，并被存储在工作记忆中。之后 Spaun 还可以回忆出这个清单，并用它的手臂把这些数字按顺序写出来。另外，Spaun 可以用相同的视觉系统分析更加复杂的输入，比如识别数字中的模式，而这种模式是它之前没有见过的。为了做到这一点，它需要使用相同的记忆系统，但使用的方式稍有不同。它还会使用在回忆清单的任务中不曾使用过的其他脑区。也就是说，Spaun 可以根据需要执行的任务以不同的方式来调配相同的脑区（见图 11-2b）。

这种“灵活的协调”功能体现了动物认知与目前大多数人工智能之间的区别。动物能够判断，为了解决特定的挑战性问题需要使用什么类型的信息加工。换句话说就是，为了应对环境中的挑战，大脑会根据具体任务灵活地协调不同的、专门化的脑区。对于人类来说，这是自然而然的能力，因此我们常常会忽视它。当我从写电子邮件转换为看书、调制饮料或和宠物猫聊天时，我便已经以许多不同的方式调整了许多不同的脑区，而且它们之间几乎没有延迟。由于动物的进化环境是动态的，且充满了挑战，因此这种行为上的灵活性便非常重要。实际上，默林·唐纳德（Merlin Donald）及其他研究者提出，从进化的角度看，人类取得了不可思议的成功，因为我们所表现出的这种适应性优于其他任何物种。

Spaun 项目的核心目标之一是，初步了解这种灵活的协调性是如何发生在哺乳动物大脑中的。因此，中脑的模型与皮层区的模型之间存在着重要差异。基底神经节支配的中脑区域在协调信息加工方面发挥着重要作用，这些信息加工大部分在皮层中进行。Spaun 的架构包含了“行为选择器”基底神经节，它监控着当下的皮层状态，判断信息应该如何流经皮层，以实现特定的目标。然而，基底神经节本身并不执行复杂的行为。相反，它会协助组织皮层，因此皮层中大量的计算能力便能以适当的方式被引导至思考当前的问题。这使得 Spaun 能够以任何顺序完成 8 个不同任务中的任何一个，同时保持对意料之外的输入和噪声的抗拒能力。通过理解输入，Spaun 确定应该先执行哪个任务。当它看到字母“A”后面跟着一个数字时，它会决定如何解释后续的输入，例如，出现“A3”意味着它应该记住接下来呈现给它的数字清单（见图 11-1b）。

反向工程的价值

在哺乳动物的大脑中，基底神经节对于动物接下来选择应该做什么具有重要作用，对此我们可能不会感到吃惊。基底神经节的受损和神经变性会导致与上瘾、焦虑症、强迫症有关的行为。帕金森病中的震颤同样可以归因于这个区域的功能不良。因此，理解这种灵活调整背后的机制，对人类心理健

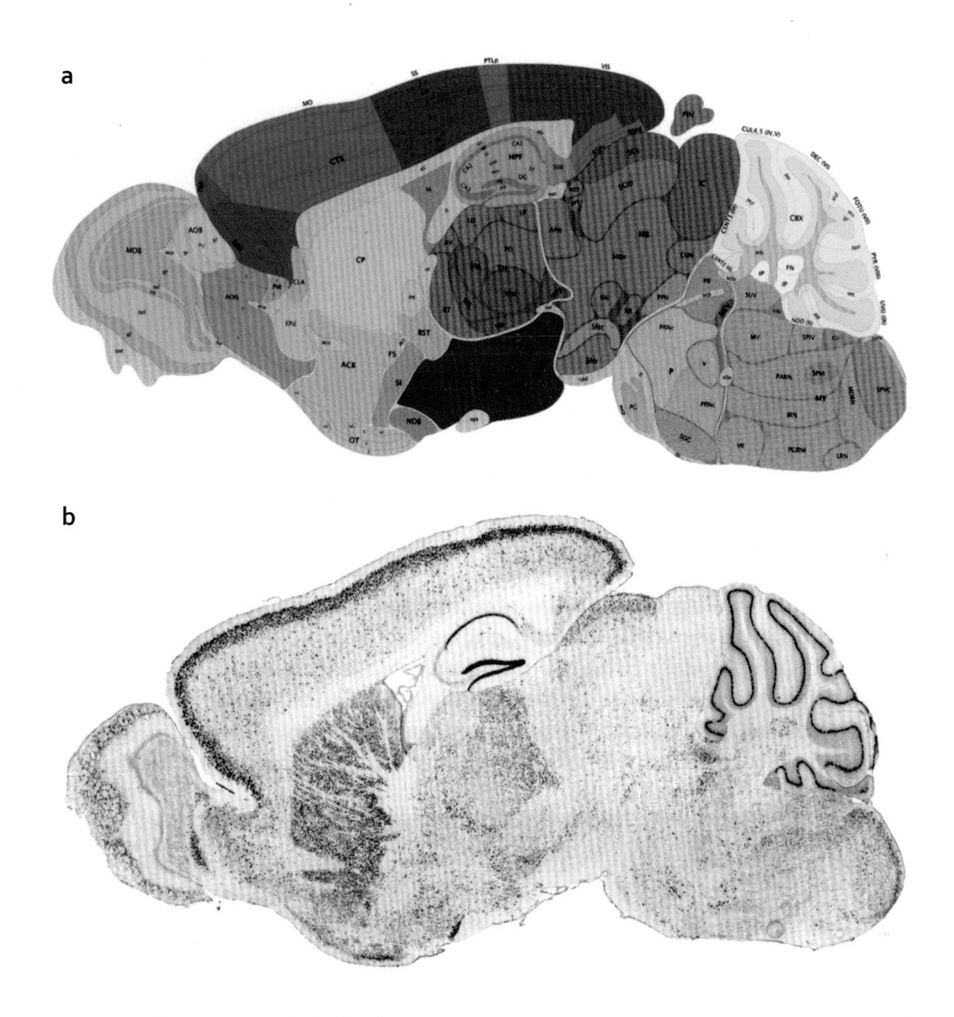

a. 小鼠大脑的矢状切面图（从前向后）。

b. 钙结合基因的原位杂交大脑图，它展现了皮层、纹状体、海马和小脑的基因表达。

彩图 1　艾伦小鼠大脑切面图与原位杂交大脑图

资料来源：Allen Institute。

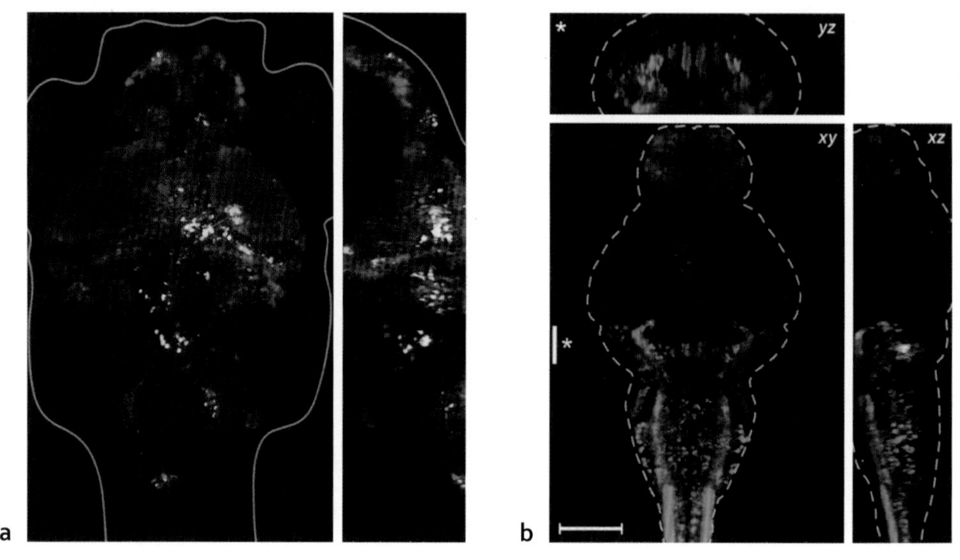

图中的比例尺 1：100 微米

a. 许多神经元几乎同时发生活动的斑马鱼幼体大脑。灰色部分显示的是解剖结构，彩色部分显示的是某一刻的神经活动。右图是从侧面进行的最大强光投影，左图是从上方进行的强光投影。
b. 一起放电的神经元群组。通过对原始数据的计算分析，科学家发现了两个神经元群组，分别用绿色和紫红色来展现它们。

彩图 2　斑马鱼幼体大脑神经活动图与放电神经元群组图

资料来源：Ahrens, Orger, Robson, Li, and keller(2013)。

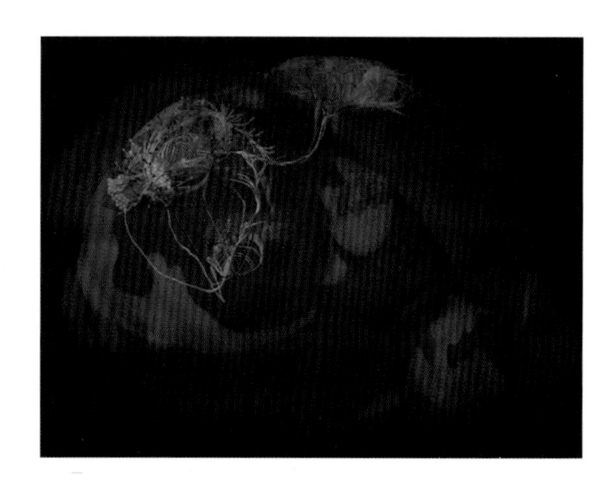

彩图 3　皮层区域中与视觉感知有关的连接

注："艾伦小鼠大脑连接图谱"显示了来自 4 个不同视觉皮层的轴突通路。这些皮层区域彼此紧密联系，同时也连接着丘脑（粉色）和中脑（紫色）。图中所示大脑的前部朝向右侧。

资料来源：Julie Harris, Allen Institute。

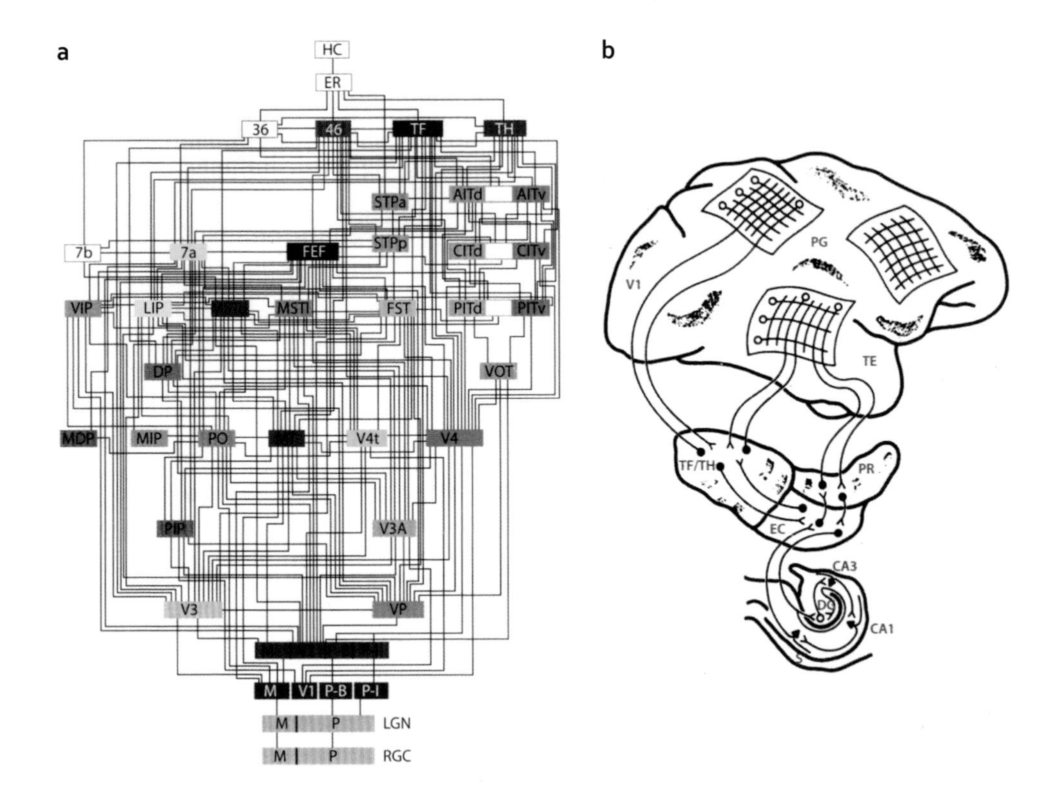

a. 显示视觉皮层的连接图。感觉皮层在最下层，RGC 代表视网膜神经节细胞；LGN 代表外侧膝状核，内嗅皮层（ER）和海马（HC）在上层，它们通过多重突触间接地与视网膜神经节细胞、外侧膝状核及其他感觉系统相连接（图中没有显示）。现代神经科学的目标之一是理解高级皮层的工作原理，比如内嗅皮层和海马。

b. 灵长类新皮层的示意图，它显示了下方海马和中间内嗅皮层是如何在广泛分布的皮层区域中将表征合并在一起的。

彩图 4　大脑皮层、内嗅皮层和顶部的海马

资料来源：视觉皮层连接图：Felleman and van Essen (1991). By permission of Oxford University Press。灵长类新皮层示意图：Squire and Zola-Morgan (1991). With permission from AAAS。

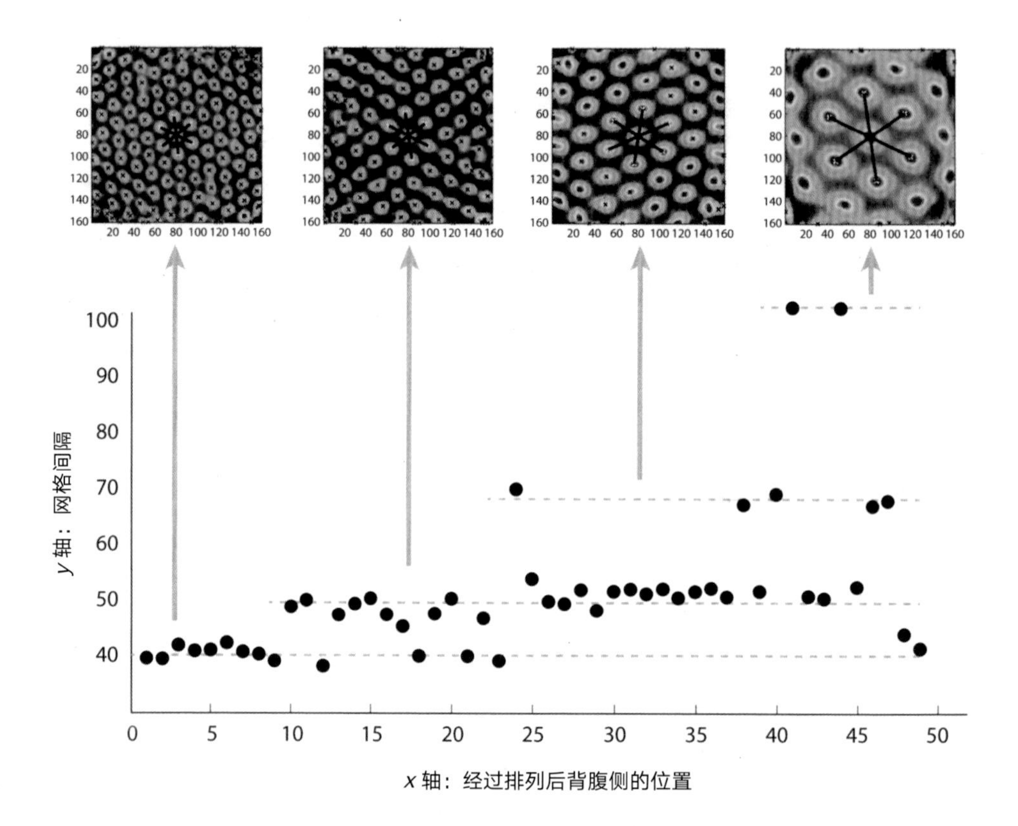

彩图 5　网格细胞的模块化组织

注：网格间隔是内嗅皮层沿着背侧到腹侧轴的细胞位置的函数。虚线代表具有不同网格间隔数值的 4 种细胞群。顶部彩色的自相关图显示了细胞的六边形放电模式，它们表征了每一种网格模型，其中红色表示活性高，蓝色表示活性低。

资料来源：Stensola et al. (2012) and Buzsaki and Moser (2013)。

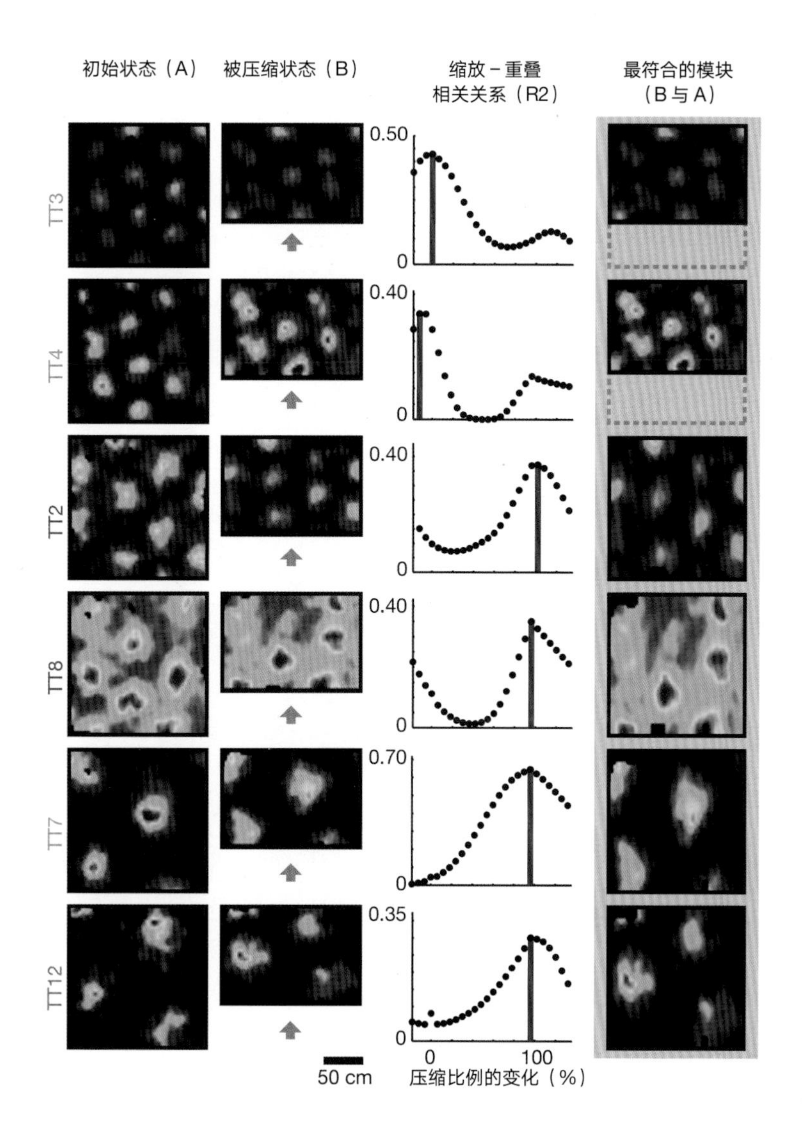

彩图 6　网格细胞的分子排列随空间压缩成比例地变化

注：用不同颜色标记的比例图显示了在环境由正方形变成长方形的实验中，同时被记录的网格细胞所做出的不同反应。缩放－重叠相关关系曲线显示了被压缩的环境与最初环境重叠部分的空间相关关系。可以看出，顶部的两个细胞在最初的位置上保持着它们的放电野，其相关性最大，所以缩放为零；底部 4 个细胞的放电野发生了与环境的宽度改变成比例的压缩，即当箱子伸展为最初的形状时，相关性最大。顶部和底部的细胞属于不同的模块。

资料来源：Stensola et al. (2012)。

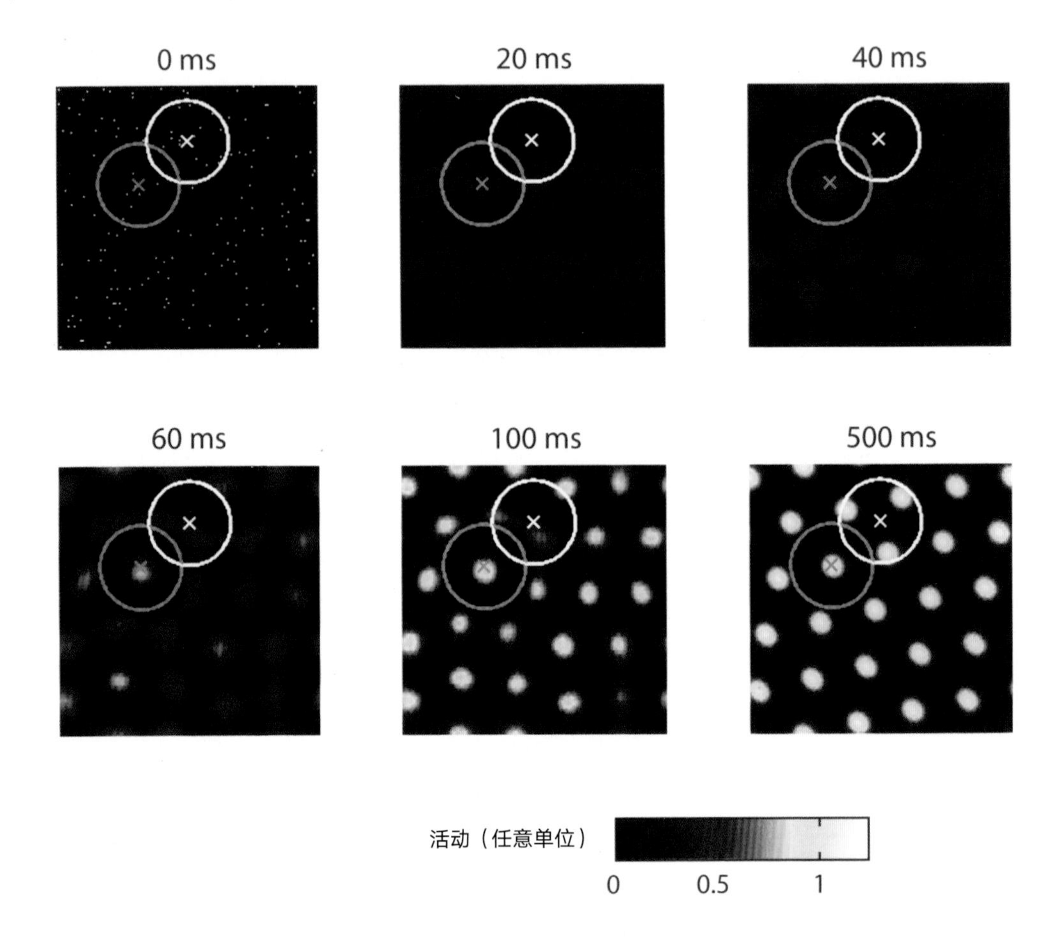

彩图 7　计算机模型显示了在网格细胞中自发形成的六边形放电模式

注：在由星形细胞组成的二维神经元格子中，六边形网格模式自发地形成了。其中，这些星形细胞之间存在着全有或全无的抑制性连接关系。每个图像代表了网络中的一个细胞。根据神经元网格野的坐标轴位置，它们被排列在格子上。圆圈则表示两个神经元周围的抑制区域。

资料来源：Couey et al. (2013)。

彩图 8　弥合大脑的各个层次

注：人类大脑工程的目的是，为神经科学家提供工具，以实现对大脑多尺度的统一认识，即找到将大脑各层功能与认知、行为联系起来的原则。其中，大脑各层包括分子、细胞、回路、脑区和整个大脑。

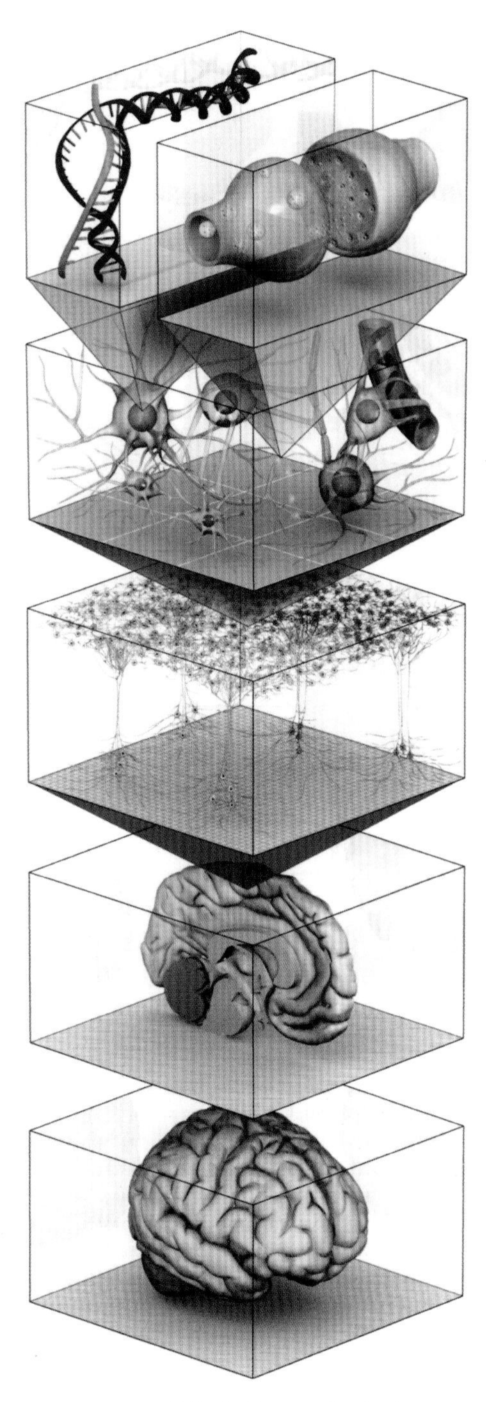

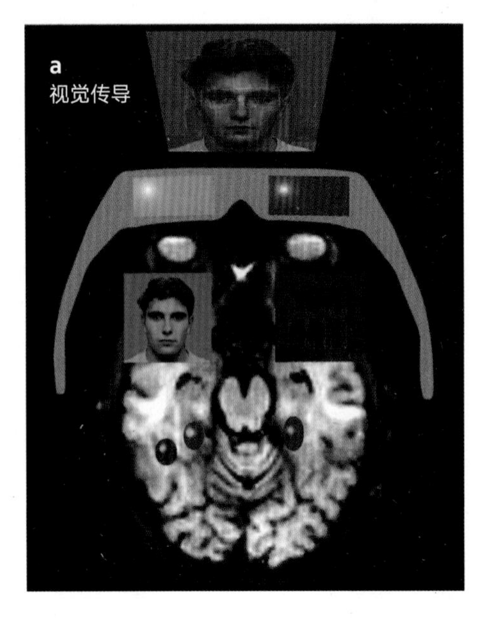

a. 该图描绘了一个人的大脑，这个人正在透过红玻璃和绿玻璃看叠加在一起的红房子和绿人脸。这样产生的效果是房子的图像被传递到一只眼睛，脸的图像被传递到另一只眼睛。

b. 如图所示，知觉在房子和脸之间交替，只有短暂的混合，这种现象被称为双眼拮抗。

c. 在图中，研究者给被试呈现交替的房子图像和人脸图像。结果是，在感知人脸和感知地点的重要脑区中，内部驱动的人脸或房子的交替与外部驱动的人脸或房子的交替没有明显的区别。改变的知觉涉及大脑后部视觉区域的交替以及负责监控和组织反应的大脑前部区域的交替。

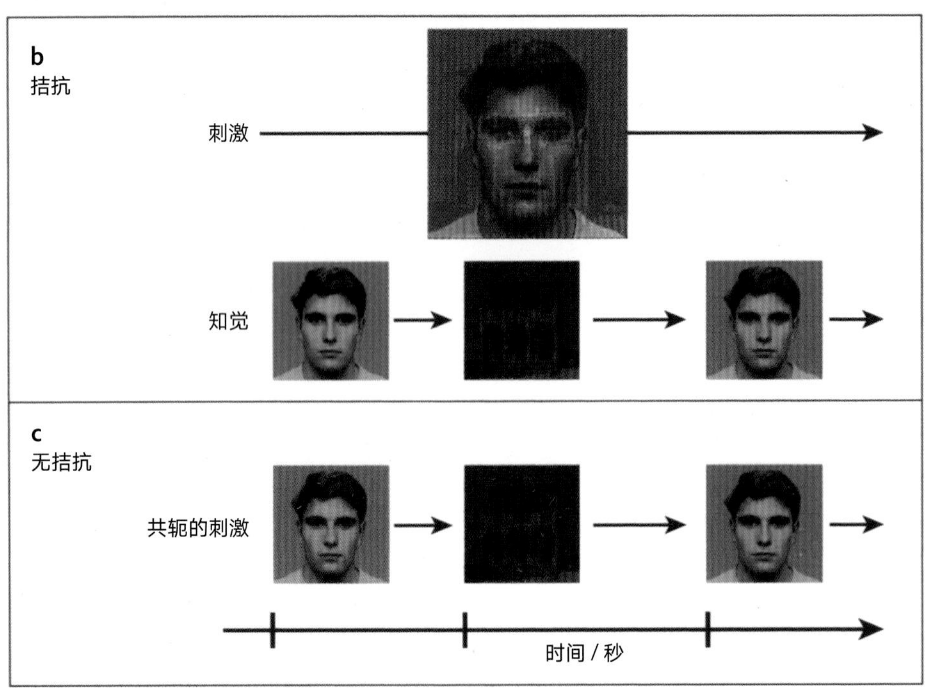

彩图 9　最早的双眼拮抗实验研究图解

资料来源：Tong et al. (1998). With Permission of Elsevier。

康具有重大影响作用。

与之类似，Spaun 使我们能够理解与人类年龄相关的认知衰退。目前长期存在的一个争论是，人老后脑细胞数量的减少是否与老年人在认知测试中表现变差有关。瑞文推理测验（Raven's Progressive Matrices）是标准的智商测试之一，它常被用于追踪这类认知改变。瑞文推理测验的测试者会让受试者设法完成某种视觉图像任务。实际上，Spaun 完成的任务之一便是模仿这个测试，Spaun 的表现和具有普通智商的人一样好。最近，我的实验室用和 Spaun 一样的架构开发了一个模型，它可以完成人类被试参加的同类测试。结果显示，它再一次达到了普通人的水平。由于这个模型具有神经元的功能，因此有史以来第一次我们可以探究人类自然老化过程中神经元受损与瑞文推理测验成绩之间的因果关系。通过运行几百个版本的这种模型，我们能够证明模型的表现复制了人类群体智力标准的“钟形曲线”，而且年老导致的神经元受损会造成这种智力分布水平的下降。总之，我们已经能够证明人类年老时神经元数量的减少会直接导致认知能力的下降。

有一个不太明显的益处是，理解大脑机制有可能为我们构建人工智能系统提供新发现。目前，大多数机器智能的成功在于它掌握了一项能力：擅长下象棋或者回答《危险边缘》（*Jeopardy*）节目中的问题，或者是可以驾驶汽车。当然，人类擅长所有这些任务。我相信那是因为，人类能够以机器目前无法企及的方式灵活地调整他们的技能。虽然人工智能算法能够复制 Spaun 完成的大多数任务，但 Spaun 所完成的各种任务不是人工智能领域中典型的任务。有趣的是，Spaun 还表现出了处于萌芽阶段的自我学习能力，具体来说，就是它能够以有限的方式根据奖励来学会不同的行为，同时还能保持已有的能力不变。未来研究的一个重点是拓展 Spaun 的这种能力，让它能够自学更复杂的任务。至于学习方式，它要么通过明确的指导来学习，要么通过试错来学习。

构建物质大脑

我们即使真的弄懂了大脑的算法，依然不清楚是否可以在如今的计算机上有效地执行计算。这是因为，计算机用来加工信息的物理策略与我们现在用的计算机策略大相径庭。计算机上所使用的硅片是为了消除不确定性：晶体管要么是“打开的”，要么是“关闭的”。这种精确性的代价耗电量很大。如今的台式机通常耗电量在几百瓦。相比之下，大脑的耗电量仅为 25 瓦，而且它执行着更复杂的计算。大脑似乎依靠的是非常不可靠且噪声很大的设备：突触很多时候不工作，神经递质的数量变化无常，动作电位沿轴突传导所需的时间也有长有短。

通过反向工程，研究者已经注意到了这些基本差异，并且开始开发一种“神经形态”的硅片。通过几种硅片模拟皮层中神经元的行为，来设置硅片的基本组成部分。这些模型的电压动力学类似于神经元，甚至也像神经元那样用峰电位和突触来进行通信。数百万个这样的神经元可以被排列在比一张扑克牌还小的空间里，耗电量不足 3 瓦。此外，它们是实时运转的，这一点很重要。例如，Spaun 需要使用数字超级计算机和数千瓦的电力，花费大约 2.5 个小时来模拟 1 秒钟的行为。

这些硅片的应用之所以前景光明的一个原因在于，目前很多硅片是由具有几十年历史的电子技术制造的。因此，随着更新的制造设备的出现，它们将在元件密度方面产生指数级的进步。而且，影响电子技术在尺寸方面的限制可能不再适用于神经形态的方法。这是因为，这些限制通常是由噪声导致的，当设备变得非常小时，意料之外的行为就会产生噪声。神经形态技术模拟的是嘈杂而随机的大脑行为，因此它在整个发展过程中都面临着这类问题：就像大脑一样，神经形态硬件倾向于低耗电，具有同功异质性和异步性。这些特点使得噪声的影响凸显出来，比如在数字硬件中，这种影响通常会被“设计掉”。因此我们预期，基于大脑运算产生的方法会给数字技术带来计算能力和效率方面的显著提升。

然而，有效利用这类神经形态硬件面临着一个挑战，那就是缺乏可以系统地对这类嘈杂、低功率、变化无常的硬件进行编程的方法。但是，随着神经算法反向工程建立起大规模的大脑模型，我们会同时开发出这种方法。构建 Spaun 所使用的技术，即神经工程框架（NEF）已经被用于对几种不同的神经形态芯片进行编程了。因此，神经形态编程与大规模大脑模拟的未来是紧密关联的。我相信它们将引领一个新时代的到来，在新时代，计算软件将具有灵活性、鲁棒性和适应性且低功耗。

总之，研究者们正在努力应对大脑反向工程的巨大挑战。全世界各地的研究者都在进行各种生物行为细节上的大规模模拟。像 Spaun 这样将个体神经元的活动与行为联系起来的模型是模拟尝试的一个重要部分，它们提供了丰富、具体的假设，让我们能够更好地理解大脑的工作原理。在未来几年中这类模型有可能获得指数级的改进发展，随着这类模型的改进，它们将对新的治疗方法和新技术的发展产生深远的影响。这些模型将使我们明白大脑这个相当复杂的物质系统，在此过程中，我们对人类自己是谁的理解也将发生根本性的改变。

主题 4
语言

Language

语言是人类所具有的技能，我们不仅能够谈论此时此地，还能谈论抽象、复杂、假设的事物。研究语言也具有独特的困难性，因为没有直接的动物模型可参考，尽管鸟鸣能给予我们一些启发，但还不足够。另外，严格的伦理标准限制了我们可以使用的研究技术。如果大多数神经科学研究的是关于视觉和运动控制的，那么一部分原因是这些心智领域比较容易研究。

戴维·珀佩尔认为，理解语言的关键挑战在于，在神经构成要素的词汇与语言构成要素的词汇之间架起桥梁。他提出，诸如大脑成像这样的技术还不足以完成这个任务，但它们为科学家提供了研究的方向，使得我们能够更接近答案。西蒙·菲舍尔探讨了一些类似的挑战，即在 DNA、基因、大脑和复杂行为之间架起桥梁，他聚焦在了人类语言的病例上。正如他所写：“我们正处在基因组学研究的分水岭，它将以史无前例的方式改变神经科学的诸多领域。”

12 语言神经生物学

戴维·珀佩尔（David Poeppel）

组约大学心理学和神经科学教授

语言神经生物学研究的起源与变化

我们日常问候朋友、与他人聊天或者读一句话时的轻松、迅捷和自动性，掩盖了语言任务的复杂性。即使最基本的语言“事件”，比如识别一个口语词汇“散文”，也需要大脑协调一些复杂的子过程，例如，分析基本的听觉信号属性，进行语音解码；在头脑中的词汇库里查找匹配这个语音的词；检索这个词的发音指令、意义和语法规范。理解或造一个句子，比如“创作散文是一件费劲的事”，需要大脑精细地协调几十个组成部分的操作。

一般来说，只有当语言功能出了问题时，比如中风后出现语言障碍，语言发展受到损害或出现了严重的阅读障碍，人们才会意识到大脑进行语言加工的内部结构的复杂性。实际上，正是1861年法国神经科医生保罗·布罗卡对一个中风患者进行的病情检查，在揭示神经科学基础发现方面发挥了至关重要的作用。这个基础发现就是大脑功能定位概念。布罗卡描述了一种语言障碍，并且将它与大脑左侧下额叶的损伤联系在了一起。这种“障碍－损伤－相关性”的方法，是认识许多有关大脑组织结构的基础，它们涉及知觉和认知的许多方面。在布罗卡的病例中，以他名字命名的脑区正是与语言功能相关的代表性脑区之一。

直到20世纪80年代，这类神经生理学研究一直主导着大脑与语言相关的研究。尽管我们发现神经生物学机制的能力非常有限，但这个领域常常与心理学、语言学的研究联系在一起。确实，很多我们现在非常了解的功能分离，都源自对局部大脑损伤后出现语言障碍的详细文件记录。现在毫无争议的是，不同的脑区以不同的机制实现了不同的功能。然而，将不同功能与各个脑区匹配起来依然是个挑战。一部分原因与功能粒度的问题有关，比如适当的描述层次是什么？适当的语言、语法、名词短语、句法成分是什么？另一部分原因与人们将局部功能归于哪种生物"单位"的不确定性有关。诸如"布罗卡区负责语言的产生"这样的陈述不仅语焉不详，而且是错误的，具有误导性。布罗卡区并非一大块整体，相反，它是由许多子区域构成的，这些子区域具有特定的细胞结构、免疫细胞化学和层状性质等。语言的各个方面，比如"语法"，同样不是一大块整体，而是各种复杂表征与计算的简略表达。因此不足为奇，像布罗卡区这样的脑区涉及许多功能，其中一些甚至是和语言无关的。例如，除了特定的语言功能之外，比如语法加工或音系学，功能成像研究还将加工以层级方式组织起来的运动行为，将加工节奏的功能归到了布罗卡区。虽然这些功能从广义上看与语言相关，但它们也适用于认知的其他许多领域。未来的研究应该聚焦于将这类复杂的心理功能"分解"成基本操作，以解释复杂的大脑解剖结构，比如由布罗卡区调节的各种功能。

新语言神经科学的两大挑战

目前科学家的研究试图将语言研究与系统神经科学的核心问题结合起来：有关语言加工的神经生理学与神经解剖学特征，以及神经编码的问题。未来可能会产生一些有趣的实验挑战和理论挑战。我们需要努力应对的两类观点是：①实践性的观点；②原则性的观点。实践性的挑战关系到如何在认知神经科学基础上构想出数据的主要形式：大脑图谱以及大脑激活的图谱。图谱涉及有关大脑活动的信息，以及在多大程度上能够提供对大脑功能神经基础的描述。技术的进步使我们可以在模型系统中，以很高的时间、空间分辨率来记录一群神经元的活动。但在人类语言研究的范围内，我们还必须依靠无创伤性的方法。目前这个领域中的主导技术，无论是针对空间的技术，如功能性磁共振成像，还是针对时间的技术，如脑电图或脑磁图，它们都主要从空间属性的角度来描述结果及其特点。其中，空间属性指的是大脑局部的地形组织方式和加工流，比如背侧和腹侧通路，或者一些相互连接的脑区组成的网络。从空间角度描述大脑活动的特点让人感觉比较直接明了，它是点 A 执行功能 X，点 B 执行功能 Y 的通路，而且在一般水平上往往或多或少是正确的，它们体现了专业人士和普通大众的想象。这种方法遭到了大家的批评，那些批评者往往会提出很好的理由：因为对于大脑功能的局部化，这种描述是准确的，但这也不能等同于就是对大脑机制的解释。大脑重要的组织特点之一是，它存在着某种功能的局部化。

当前的分析显示，在某种实验设计的背景中，某个脑区或某些脑区会被有选择地控制着。之后研究者便会提出，特定脑区的激活是“音系学加工”“词汇接触”或“语法”的基础。然而，这样的结论不可避免地只能表示相关关系。即使当脑区与特定功能之间显示出始终如一的系统性相关关系时，我们也无法解释它们为什么会以这种方式组织起来，也不知道神经回路的什么性质能够解释其对于功能的执行。用一句话来说就是，大脑功能局部化并不是解释。

实际上，即使是通过现有的或即将开发出来的新技术来获得最高分辨率的数据，依然并不充足，除非我们能够成功地把语言任务分解成可以与局部大脑结构、功能联系起来的元素或计算构成要素。换句话说就是，中间步骤的目的是，查明具有良好理论动机、具有计算上的明确性，以及生物上相关的对大脑功能特征的描述，以此发展出更好的连接假设。总之，大脑图谱问题，即彻底地描述语言加工背后的脑区特征，是一个重要的中间步骤。但大脑图谱依然只是一个中间站，能够产生相关性的发现，但无法提出机制方面的解释。大脑图谱问题在实践中有局限性，也就是说，它是一个被界定得比较清晰的问题。现在的任务是发展适当粒度水平的连接假设，并得出对相应脑区令人满意的描述。

我们面临的原则性挑战与以上探讨的实践性挑战相反，它应对的是语言基本要素与神经生物学基本要素之间的校准问题。认知与神经生物学的“组成部分清单”之间有什么样的因果关系呢？大脑图谱的问题其实是详细描述两套清单之间正式关系的挑战，这两套清单分别是语言科学构建的清单和神经科学构建的清单。认知科学，包括语言学和心理学，提供了对人类认知本体结构的分析清单，也就是大脑基本表征和加工的全面清单。与之类似，神经生物学提供了研究神经结构的清单，这些神经结构具有重要的功能。语言学的基础建立在语言正规概念的基础上，比如音节、名词短语或话语表征等为其提供了大量结构化的概念，它们使语言学家能够研究说话人所使用的语言、语言获得过程、在线语言加工、语言的历史变化等的普遍原理。神经科学定义分析的单位，比如树突、皮层柱、长时程增强，概括了大脑的结构特征与功能特征。但是，这些表面看来各不相同的分析单位之间存在着怎样的关联呢？极其简单的映射肯定无法解释它们的关系，在神经元与音节之间，或者在皮层柱与名称短语之间，不可能存在简单明了的映射。然而，我们完全不知道如何确定更复杂的、更合理的映射。实际上，在语言和言语领域，我们根本不知道“思想的材料”如何与“肉体的材料”联系起来，更高层认知的所有领域也是如此。通过用解释的方式把语言和神经生物学联系起来，需要以适当的抽象水平构想出计算上明晰的连接假设。

未来研究的一个关键问题在于，以什么抽象水平来明确地表达这样的连接假设。视觉科学家戴维·马尔所支持的一种方法可以作为研究起点：将计算层、算法层和执行层分开。在大脑与语言研究的背景中，分析的计算层由语言学和心理学提供，执行层由系统神经科学和认知神经科学提供。对算法层或表征层的关注会为构建实验假设提供有价值的新观点。这些假设将把高层计算问题与低层执行问题联系起来。举一个例子：语言加工在词汇层面、句子层面或话语层面需要诸如串接这样的简单操作，比如X,Y ≥ X—Y。串接起来的元素看似很简单，而且无处不在，但它们具有微妙的特征。例如，当它们被进一步加工后，结合物是否具有了X或Y的功能特性，这种特征常被称为“形成题头”。然而，大脑这种非常简单明确的加工还没有神经科学方面的解释。在未来几年，如果我们能解释“红色的船”或“好吃的苹果”在神经回路中是如何被安排的，那么这将是令人震惊的进步。尽管最近20年中，语言方面的认知神经科学取得了巨大的进步，但依然缺乏神经生物学的机械性解释。

一些充满希望的方向

句法原语

过去20年，句法研究的目标与认知神经科学、系统神经科学的目标是一致的：①找到大量语言学现象背后的基本神经计算；②尽可能少地依赖特定领域的计算。一个具体的例子就是被称为“最简方案”的句法理论。乔姆斯基（Chomsky）和其他一些研究者建立了这条理论，提出了将两个步骤“合并”的句法功能，其中包括结合各种元素的一般领域计算，以及标记结合计算输出的特定领域计算。

- 结合：给定的表达A和表达B，结合A、B→｛A,B｝；
- 标记：给定的结合物｛A,B｝，标记复合体A或B→｛A A,B｝或｛B A,B｝。

语言学最近的研究显示，自然语言的许多复杂性质可以被看成这些结合计算和标记计算的反复应用。而且，用集合对这些计算进行的描述，提供了一种类似于在其他认知领域中对神经元计算的正式描述。句法理论中的这个新方向标志着语言学与以前理论的彻底决裂，之前的理论包含大量不同种类的规则，且非常依赖这些规则的特定性质。现在似乎是时候恢复句法学家与认知 / 系统神经科学家之间的合作了，他们联合起来寻找有助于基本句法计算，如串接、合并、结合和标记的神经回路，并最终找到计算本身的神经元编码。之前句法理论的许多规则令认知神经科学家和系统神经科学家望而却步，当他们知道语言学家已经开始用基本神经元计算出的措辞来重新表达句法理论时，他们一定会深受鼓舞。

言语知觉与皮层振荡：新兴的计算原则

识别口头语言需要将相对连续的输入解析成离散的单位，它们可以与存储的信息连接起来形成加工的基础，不太正式的说法就是：形成词语。除了这样的解析阶段，一定还存在着解码阶段。在这个阶段中，被解析的声音信息被转化为构成语言计算基础的表征。在最近 10 年中，功能性解剖研究与生理研究找到了大脑的语言基础结构。语音加工的功能构造由一个分散的皮层系统组成，这个系统包含至少两种通路。位于颞叶腹侧的一条通路提供了从声音输入映射为意义 / 词语的基质。沿着顶叶和额叶的一条背侧通路促成了感觉运动转化，这是映射到输出表征的基础。

口头语言被成功地解码后会包含信息，这些信息存在多种时间尺度：语调层面的信息时间尺度为 500 ～ 1 000 毫秒；音节信息与言语的声波包络密切相关，时间尺度为 150 ～ 300 毫秒；迅速改变的特征信息的时间尺度为 20 ～ 80 毫秒。为了成功地识别语言，我们必须分析信号的不同方面，比如其慢速和快速的时间调制、频率合成。心理物理学实验和神经生理学实验发现，不同频率的神经元振荡可能提供了某些机制，这些机制形成了解析和解码语言的基础。为了把自然的输入分解成可操纵的单元，介观层面的机制应该包含滑动和重置时间窗口，这个机制应该在语音包络的相位缺少低频活动时被执行，并且根据特许时间尺度来重置内在振荡。对神经元振荡的相位重置，为解析和解码言语信号提供了时间常数，以及最佳的时间整合窗口。最近，行为学实验和生理学实验都显示，消除这种振荡相位重置操作，会损害口头语言的可理解性。这类研究将神经振荡提供的神经基础结构与语音识别领域中著名的知觉挑战联系了起来。一条新出现的普遍原理坚持，听觉信号必须包含“边缘”，也就是说，倾听者会以恰当的时间粒度来接收信号，这些信号具有不连续性。言语中的声学边缘可能在对复杂听觉信号的知觉分析中发挥着重要的作用。这种知觉分析的类型与皮层振荡的存在及其构成的因果力（causal force）紧密相关。

言语生成的计算解剖学

科学家对语言生成的研究通常是在两种不同的传统背景中进行的，分别是心理语言学和运动控制系统的研究。前者是在音素、词素和短语单元层面上进行的探究；后者涉及运动学上的力量、运动轨迹和反馈控制。令人奇怪的是，这些研究领域很少被联系起来。这种分离的标准论点认为，两种方法聚焦于言语生成任务不同的层面：心理语言学的分析层面比较抽象，甚至是非模态的；运动控制系统研究的是较低层面的发音控制过程。然而，更深入的研究揭示出，它们具有令人振奋的聚合特点，通过整合性的研究，使用两种方法都能有许多收获。例如，心理语言学的研究已经证明，大脑存在着以层级方式组织的言语生成系统，其中计划单位包括：从发音特征到词汇、语调轮廓，甚至所使用的短语。另外，运动控制的方法强调来自运动命令传出副本信号的作用，以及运动学习和控制中内在正演模型的作用。其中，正演模型是有机体所具有的关于自身动作系统和效应器的隐性“知识”，它提供了计算出行为预测结果的能力。对两种传统理念的整合已经产生了一些言语生成的层级反馈控制模型，它能将这两个领域很好地联系起来。这些模型的架构通常源自运动控制的状态反馈模型，但新模型吸收了心理语言学研究中发现的加工层次。这个架构包括，产生前向感觉预测的运动控制器。感觉系统与运动系统之间的通信是通过听觉－运动转化系统实现的。

从较小的部分中构建意义

无论是言语、信号、文本还是盲文，人类语言的本质是它无限的结合潜力：句法和语义系统使我们能够从有限的基本材料中构建出种类无限的表达。构建复杂的语言意义不只是字符串的串接。语言的结合很微妙，需要我们进行系统化的研究。例如，为什么每个人都能够凭直觉清楚地知道“把垫子堆高”的结果是高高的一堆垫子，而不是一个高高的垫子，而“把圆环锤平”会产生一个平的圆环，而不是一个平的锤子？理论语法学和语义学的研究已经回答了这类问题，研究提供了详细的表征与计算的认知模型，这些表征和计算形成了这类复杂的语言意义。时至今日，神经语言学的研究，至少关于语义的研究依然几乎完全与这些认知研究成果相脱离。因此，我们对词汇结合和意义合成的神经生物学理解依然是粗糙的、泛泛的。有关语法学和语义学的神经科学研究，通常暗示着“句子加工区域”的通用网络，但没有涉及计算细节。

最近进行的研究旨在弥合这种差距，例如，最近一些研究系统地改变了语言合成的性质，以研究在复杂意义的构建过程中，计算的详细作用以及相关脑区的时间、空间动态关系。这项研究所涉及的组合网络至少包括左侧前颞叶和角回。在这些脑区中，左侧前颞叶较早开始运转，用时 200 ～ 300 毫秒，它们似乎专门负责将不同的述语结合起来，得到更复杂的述语。其他脑区的作用似乎不那么特定，而且较晚开始运转，用时大约 400 毫秒。研究者曾假设自然语言的合成是整体式的，是单一脑区比如布罗卡区作用下的结果。但新兴的观点认为，语言的合成是由各个脑区组成的网络来完成的，这些脑区具有不同的计算特异性。通过比较语言的神经生物学与语言表征的正式模型，研究者分解出了大脑合成能力背后的各种计算。注意，这类结果还不是解释性的，它们只是将假定的语言元素与皮层区域关联起来。然而，这个问题能够成为后续研究的基础，有助于在神经元回路与假设的基本功能之间建立起机械的、解释性的关系。

语言及其神经基础的研究一定会在复杂大脑功能的研究中发挥关键作用。研究建立在丰富的理论基础上，也建立在大家对构成语言的计算与表征的几十年的研究基础上。另外，研究语言的神经生物学方法会具有越来越高的图像分辨率和结果分析的复杂性。重大的鸿沟也将会被弥合，要知道我们一直缺少连接语言加工与神经科学的计算分析。因此，我们应该特别强调计算连接假设。只有到那时，新兴的“语言计算神经生物学”目标才有可能得以实现。

13 基因变异与神经遗传

西蒙·菲舍尔（Simon E. Fisher）
遗传学家和神经科学家，人类语言基因基础研究的先驱

2001 年初，遗传学家通报了智人基因组序列的初稿。这是全世界数千名科学家花费数十亿美元，经过十多年艰苦努力后取得的成果。到2004年，这个初稿被转化成了一个几乎完整的基因表达，研究者预估它包含了人类 99% 的基因组。在那之后的若干年中，感谢新生代分子生物学家的独创性，让我们见证了 DNA 测序技术的惊人发展。读出任何一个人类基因组中的字母所需的成本、资源和时间都大幅减少了。在 2013 年末，研究人员能够在几天时间里，仅花费几千美元就能完成对一个完整的人类基因组或者至少是完整基因组绝大部分的测序工作。这种更便宜、更快捷的"第三代"测序方法，将使我们踏入个人化基因组学的时代。临床遗传学家正在使用新的测序工具协助诊断，并治疗各种疑难杂症。同时，很多对自己隐藏的生物特征感到好奇的普通大众会自愿把唾液样本送给基因组公司做分析。

在 20 世纪 90 年代早期，我开始了自己的研究生涯，主要负责解码一条人类染色体中的特定片段。从那之后，这个领域的发展速度令人惊叹。然而，从某种意义上说，基因组学的兴起依然是一个苦乐参半的工作。我们是地球上唯一一种能够直接读取自己基因组成的有机体，不仅能够描述自己的基因组，而且能够对每个个体的许多基因变化进行分门别类。与此同时，我们也忽视了直接读取基因对神经元、对大脑、对人类认知与行为意味着什么。这可能会给未来的神经科学家带来新的挑战：该如何恰当地解释我们的基因组，以及如何将本书中不同的词汇和短语转化成为思想、记忆、交谈和

感受。在这里，我想分享几个有关如何实现这个目标的想法。我将聚焦于其中的一个方面，但是这个问题也会有着广泛的相关性。论及大脑的运作，每位研究者都有他们最喜欢的研究领域。我的兴趣在于解开人类语言之谜，在我看来，这或许是生物学领域中最令人着迷、最令人困惑的现象了。基因组学的最新工具是否有助于解开这个谜团呢？

基因中的语言遗传线索

乍看起来，在DNA层面上寻找人类语言功能的解释似乎是荒谬可笑的。我们所使用的语言不会被编码到基因中，这显然是我们需要知道的事情。在说日语的人群中长大的婴儿会学说日语，而同样的孩子如果在德语环境中长大，他便能说一口流利的德语。不接触某种语言，孩子便不会掌握它。然而在更深的层次上，基因是语言学习的核心，它参与构建了能够在社会环境中习得语言技能的人类大脑。

无论如何这都算不上是新观点。在过去几十年里，多个研究领域都提供了支持性的证据。研究者多次注意到，孩子不需要明确的指导便能熟练地掌握语言，他们所发展出的协同能力具有惊人的复杂性。基于有限的输入，经过一年隐性的学习，一个不会说话的孩子会成长为语言天才，积累大量的词汇，知道如何将它们结合起来形成无数个不同意义的句子。他们还表现出了惊人的肌肉控制技艺，能够将这些句子转化为声音流，而且很擅长对他人的口头语言进行还原。此外，人类大脑图谱的绘制者在揭示支持语言功能的神经架构方面，已经取得了惊人的进步。

尽管过去的神经科学家提出的模型现在看来过于简化了，但现代的神经科学家一致认可的是，人类大脑中有一些特定的回路在语言表达、感知和理解上发挥着重要作用。需要指明一点，这些回路是否只针对语言起作用依然存在着争议。通过比较其他物种的认知与交流能力，我们发现人类语言能力中最值得关注的方面是，它具有不同凡响的生成能力，而且其他任何物种都无法与之匹敌。黑猩猩是与人类基因关系最近的动物，令人奇怪的是，它们在语言方面的能力与人类相去甚远，强化训练实验也没有得出相反的结论。

影响语言的关键基因

以上这些观察结论提供了间接的证据，证明人类的说话和语言能力受到了遗传因素的影响。那么基因组本身提供了什么直接的证据呢？研究能否更加深入，从而找到关键基因呢？2001 年，就在人类基因组初稿被公布的同一年，我的同事和我记述了第一个这样的基因，即 FOXP2。我们写道："单基因病造成的 FOXP2 受损会影响人的说话和语言能力。"发育中的儿童通常能够毫不费力地掌握口语表达的精湛技艺，他们学会快速协调嘴、唇、下颚、舌头、软腭和咽喉的动作顺序，并且能够使用这些能力准确地产生新的发音。如果基因变异扰乱了 FOXP2，那么儿童的这些技能便会遭到破坏。在说话时，他们会犯不一致的错误，也就是说，他们会每次说得都不一样。当他们想要发出的音越复杂，情况就会越糟糕。尽管精心的言语治疗在一定程度上有所帮助，但 FOXP2 发生变异的人始终存在语言功能缺陷。而且长大成人后，他们依然会觉得很难正确地说出复杂的词汇。如果某个词对他们来说完全是陌生的，那么情况会尤其糟糕，比如由多个音节组成的毫无意义的词语。科学家对 FOXP2 变异病例的深入研究发现，这些语言困难可能源于大脑编排言语动作顺序的能力受到了损害。有趣的发现是：这种疾病并不只影响口头语言能力，它还会影响书面语言能力的很多方面，包括形成和理解语法。

破坏 FOXP2 基因的变异非常罕见，到目前为止，已知的病例和家族大约有 12 个。已知病例中的大多数来自对一个家族基因的详尽研究，在这个家族里，3 代人中有 15 个亲属携带着相同的致病变异基因。实际上，正是因为研究了这样一个大家族，我们最初才得以把目标对准 FOXP2 基因，这比基因组学的大规模发展还要早。但是，除了知道 FOXP2 基因变异的实例之外，还存在许多其他无法解释的言语和语言障碍病例。因此我们可以笃定，还有其他风险因素基因在发挥着重要的作用，尤其是在对同卵双胞胎和异卵双胞胎的研究中发现，言语和语言障碍具有很大的遗传性。便宜、快速且简单的基因组测序为遗传学家提供了史无前例的机会，让他们能够发现新的致病变异基因，更深入地探究影响言语和语言的分子机制。

使用细胞分析拆解基因变异难题

这里还存在一个重大障碍。在过去 10 年中，人类已经能够解读自身基因组并对每个人的遗传变异进行编目分类。但是，当论及解释我们正在阅读的内容时，我们真的落后了。借用语言科学的类比，这就好像母语是英语的人变得能够熟练地读出又长又复杂的俄文文章，流利而且发音完美，但对于自己读的内容，他只能明白其中少数词语的意思。

让我们来具体地看一看，思考一下来自对人类 DNA 高通量测序初探中的一些实例。有些研究者没有直接研究 30 亿个核苷酸字母，而是通过对一个子集进行测序来概括问题和缩减成本。这个子集大约占我们人类基因构成的 2%，它们编码蛋白质，被称为外显子组。说个小插曲，编码蛋白质的基因部分被称为外显子，分子生物学家非常喜欢杜撰出带“组”后缀的术语。这个独特的习惯甚至蔓延到了其他学科中。外显子组虽然只是人类基因组中的一小部分，但我们对它最熟悉，而且它也是最容易与生物通路联系起来的部分。

蛋白质的氨基酸序列大约由 20 000 个基因组成。这些蛋白质表现出了非常多样化的功能：酶能够催化反应；结构蛋白质能够塑造细胞；位于细胞膜中的受体和通道能够给分子发信号，帮助细胞之间进行通信；调节因子能够控制其他基因和蛋白质的活动等。所有这些构成了每个细胞的基本组织。当编码蛋白质的基因发生变异时，它会改变蛋白质中的氨基酸序列，蛋白质的形状就会因此而改变。虽然许多这类变异是良性的，或者对蛋白质的性质影响很不明显，但有些变异则会严重干扰蛋白质的功能，甚至会导致相应蛋白质的缺乏。很大比例的单基因病，包括囊胞性纤维症、肌肉萎缩症、亨廷顿病等都是由特定变异扰乱了编码蛋白质的基因造成的。

除了外显子组之外，基因组中还包括许多 DNA 片段，它们在调节外显子组的功能上发挥着复杂的作用。遗传学家的研究虽然取得了一些进步，但他们仍在努力探索基因组中的这种暗物质，尤其是它的变异所具有的生物学意义。因此，当在一个新的患有某种疾病或具有某种基因特征的家族中寻找致病原因时，他们会把目标对准编码蛋白质基因，对外显子组进行测序，而不是研究整个基因组。这似乎是一个简化问题的聪明做法。如果真正的致病元凶不在外显子组中，那么这种做法就有可能造成遗漏。当遗传学家开始满腔热情地对外显子组进行测序时，他们遇到了意想不到的复杂情况。事实证明，每个人都携带着数量大得惊人的潜在有害基因变异，通常超过 100 个。这些变异改变或干扰了蛋白质排序，基于生物信息学的分析，由此可以预测出它们对蛋白质功能造成破坏性影响。每种基因变异在人群中可能是极其罕见的，甚至只出现在某个人或某个家族中，它们是独一无二的。我们如何能在大量不相干的基因组变化中筛选出真正的原因性变异，也就是导致我们正在研究的疾病或特征的变异因素呢？有时我们可以幸运地依赖研究中发现的共同点，比如多个患病的家族或病例都出现了相同的基因变异。但是在没有这种意想不到的好运的时候，其他可以采取的做法是进行实验室研究，目标是找出疑似致病变异的生物学影响因素。

我们发现了一套令人印象深刻且具有扩展性的工具，可以用来解决上述问题。在实验室中培养人类细胞，插入不同的基因变异体，观察它对相应蛋白质功能的影响，测试细胞性质由此发生的改变，目前这已经成了该类实验的标准做法。研究者可以在烧瓶中培养神经元前体细胞，对它们进行遗传操纵，采用混合的生长因子能够培养出研究者所需特性的差异化电可兴奋细胞。采用从非神经组织中抽取的样本，比如采用来自发展性语言障碍患者皮肤切片或血液的样本，并将它们转化为类似神经元的细胞已经成为可能。这种操作程序不便宜，还无法成为常规做法，但这种状况很快会发生改变。

从对细胞的分析中，我们能够获得许多有价值的发现，而这取决于我们所研究的基因类型。在分子层面上，实验者可以分辨某个基因，以及它所编码的蛋白质是不是其他基因与蛋白质网络中的一部分，还能发现它们的相互作用是否受到了候选变异的干扰。在神经元层面上，我们有可能采用细胞系统来评估特定基因变异体对关键过程的影响，比如评估对细胞增殖、细胞迁移、细胞分化、细胞可塑性和细胞程序性死亡的影响。

我们不仅可以对单个神经元进行这样的研究，借助接受遗传操纵的动物模型，我们还可以将这类研究扩展到神经回路和行为层面。在这里，实验室小鼠做出了巨大贡献，它们提供了哺乳动物的神经系统，使得我们在基因层面做出更加复杂的改变成为可能。研究者可以相当准确地把变异插入小鼠基因组中的任何位置。这样，在小鼠特定的大脑结构或神经回路中，在选定的发育时间点，研究者感兴趣的基因会被激活。在人生的某个时刻这些基因的表达可能被压制了，但在其他时候，它们会被重新激活。电生理学和光遗传学的技术进步，使研究者能够以有效的方式直接研究活小鼠的某些神经元活动，在动物的行为输出与认知操作之间建立起联系。

大脑的未来

现在让我们回到 FOXP2 上来，它在针对大脑功能的实验中做出了巨大贡献并且还将继续做出贡献。FOXP2 基因编码一种特殊的调控蛋白，即转录因子，它们调节着其他基因如何被打开和关闭。在言语和语言障碍相关的病例中，我们观察了 FOXP2 的变异，并研究了它对人类类似神经元的细胞影响。例如，KE 家族中有 15 个人患有言语 / 语言障碍，他们的 FOXP2 基因都携带着相同的变异。研究者预测，这个基因组变异改变了被编码蛋白某个关键点上的氨基酸残基。在实验室里，我们在人类细胞中制造了突变的 FOXP2 蛋白，并且证明了它不能以正常的方式调节靶基因。接下来，通过基因工程，我们将这个突变的 FOXP2 蛋白插入小鼠体内，并在多个层次上评估它对小鼠大脑的影响，包括对其胚胎神经回路发育的影响，以及对幼鼠出生后神经系统功能的影响。这些实验显示，FOXP2 突变对神经突的分支和突起长度具有早期破坏性的影响。神经突就是神经元胞体上的突起，最终发展成树突或轴突。我们对小鼠胚胎研究还发现，FOXP2 突变降低了其神经回路的可塑性，也就是说负责调节对刺激反应的能力变低了，这是生物学习和记忆功能的一个重要方面。这个似乎受到影响的神经回路，已知对动作排序而言非常重要。这很好地解释了 FOXP2 发生突变的人为什么会出现言语障碍了。

正如我们对目标基因突变的研究所显示的，即使当我们感兴趣的是人类所独有的行为方面时，我们依然能够通过对其他物种的研究来获得很多成果，尤其是当我们在候选基因的塑造中只拥有一个切入点时。FOXP2 出现在进化的早期，大多数脊椎动物携带着这种基因的一个版本，因此许多研究显示了各种动物中 FOXP2 的神经功能，不只是人类和小鼠，还包括猴子、白鼬、大鼠、蝙蝠和鱼。关于 FOXP2 是如何参与了其他物种的生物学现象的，这里有一个非常好的例子，是来自科学家对禽类的神经生物学研究。研究显示，FOXP2 对应基因对雄性斑胸草雀学习鸣叫至关重要。研究数据一致表明，言语和语言功能并非凭空出现的，而是建立在神经遗传机制的基础上，进化历史久远。当然，这并不会贬损神经遗传机制曾受到人类血统改变的影响这一观点，或者说，这种改变可能对我们人类的进化非常重要。确实，研究者对人类的 FOXP2 和黑猩猩的 FOXP2 在蛋白质编码上所表现出来的差异很感兴趣。最近还有一项关于现代人类与尼安德特人在 FOXP2 基因方面的差异性研究。大脑功能实验在帮助科学家评估基因序列改变的生物学重要性上再一次发挥了核心作用，他们采用了和研究致病突变基因一样的系统，如一样的细胞株、小鼠模型等。

大脑新趋势
THE FUTURE OF THE BRAIN

即便如此，如果我们想将基因与人类认知之间的点连成线，不能只依靠实验室里培养的细胞，或经过基因改造的动物。最近研究者有了新武器，其中一种可以有效地联系到人类大脑，但这种武器使用起来必须小心。神经成像基因组学涉及将高通量 DNA 筛选与描述人类大脑结构与功能的无创伤性方法结合起来，这些方法包括功能性磁共振成像、弥散加权成像和脑磁图。对于拥有适当设备的实验室来说，原则上他们现在可以直接检验特定遗传变异与通过神经成像方法捕捉到的大脑特征之间的相关性，这些大脑特征包括皮层下结构的体积、皮层区域的厚度和表面积、不同神经区域之间联系的强度、神经在认知任务中的激活水平以及振荡活动的改变。

一些神经科学家进行着前沿的大脑成像实验，只要让每个参加实验的人在 DNA 收集试管中吐口唾液，科学家便能增加研究中的遗传成分样本。他们将这些样本送到机构进行全基因组基因分型，便能够描述出所有染色体在成百上千个点上的变异。他们也可以对整个基因组进行测序，前提是价格要足够低。那么这就变成了检验基因变异与大脑测量结果之间相关性的问题了。

这样的研究前景让人激动，尤其是我们可以通过研究一般人群来获得有关神经遗传机制的发现，以补充对诸如 KE 家族这样特殊案例的研究。例如，对人类沟通能力感兴趣的人会试图探寻，与语言有关的皮层区域的厚度、面积或不对称性会导致什么样的基因变异。我们也可以对一群人进行甄别，找到他们共同的基因变异，就会发现它们与大脑执行语言任务时相关脑区活性的改变相关。不过，在这里我们必须提出几句警告：

基因组学和神经成像各自会产生一系列令人眼花缭乱的复杂数据，它们产生数据点的数量非常庞大。当将这两种不同的复杂数据集结合在一起的时候，出现虚假数据联系的风险会变得非常高。为了防止虚假的数据联系结果，增加发现真实的生物学关系的可能性，发展尖端复杂的方法很重要。我们预估，真实的生物学关系具有很小的效应量，语言成像基因组学研究仍处于婴儿期。大规模样本的使用以及受到恰当约束的假设，比如高度聚焦于特定的候选基因或特定的神经特征，这些都将有助于保护语言成像基因组学的未来发展，使它成为揭示语言的分子基础的重要工具。

总之，正如我在这篇文章中展示的，我们正处在基因组学研究的分水岭，它将以史无前例的方式改变神经科学的诸多领域。未来的神经科学家非常幸运，因为他们能够接触到由测序方法革命带来的大量数据和技术。他们面对着一个令人兴奋的挑战，即从所有这些基因数据中提炼出有意义的成果，它们具有最神秘的特性，比如言语和语言的生物学基础。通过充分利用不断增加的基因功能研究工具，最终我们将有可能弥合 DNA、神经元、神经回路、大脑和认知之间的鸿沟。

主题 5

保持怀疑

Skeptics

即使现代社会对神经科学的投入非常巨大，我们依然有许多尚未解决的问题。以意识为例，内德·布洛克认为，我们在理解上的限速步骤（rate-limiting step）可能是理论，而不是数据。马泰奥·卡兰迪尼警告我们，在神经生理学与行为之间直接架起桥梁，期望用计算来填补差距，这一想法过于乐观了。利娅·克鲁比泽提醒我们，假定科学能够按时间表发展的观点不可信。亚瑟·卡普兰强调了大脑图谱项目的实践与伦理问题，也强调了它们的结果与影响，包括如何保证项目的资金，如何处理数据，如何判断我们何时取得了成功。最后，盖瑞·马库斯提出，目前理解复杂行为与认知的概念框架已经用尽了，为了在神经科学领域取得进展，我们必须大幅度扩大搜寻计算原则的范围。

14 意识、大科学与概念澄清

内德·布洛克（Ned Block）

纽约大学哲学和心理学教授，美国精神哲学领域的哲学家，对意识的理解和认知科学的哲学做出了重要贡献

目前来看，对神经科学研究的巨大投资就摆在我们眼前，因为我们想绘制出大脑中每个神经元的活动图谱。我们应该先问一个问题，这样的投资对找到答案是否有帮助。高分辨率图谱有多大可能解决大脑如何工作的基本问题？我认为，光有高分辨率图谱是远远不够的，神经科学新技术的应用取决于其发展是否与理解大脑如何实现心智所需的心理－神经概念同步。

运用美国高中教授的几何学知识，我们可以知道为什么圆柱体的木桩塞不进板子上的方洞里。希拉里·帕特南（Hilary Putnam）曾指出，如果没有高中几何学的理论基础，描绘出木桩和木板上的每一颗微粒也没有用。与之类似，如果在心理层面上我们不知道神经元激活的作用，那么描绘大脑中每个神经元激活情况的图谱也是没有用的。因此，高分辨率图谱被鼓吹为“功能性大脑图谱”。加上“功能性”几个字很容易，但对于在心理层面上理解心智，单单是大量的数据并不能产生理论上的突破。我将以意识为例探讨构建功能性大脑图谱的障碍，以及在没有高密度大脑成像的情况下如何克服这个障碍，即如何通过测量在大脑中找到意识。

意识的测量问题

通过测量在大脑中找到意识的问题，取决于意识与认知的根本差异。意

识指的是，具有某种体验是什么样的。认知包括思考、推理、记忆和决定，但所有这些认知过程都是无意识地发生的。意识和认知具有因果性的相互作用，当然，认知是有意识的，但它们是一个联合体相反的两面。我将聚焦于有意识的知觉，即有知觉的体验是什么样，以及它与知觉认知之间的区别。其中，知觉认知是一种过程，在这个过程中，知觉体验在思考、推理和行为的控制中发挥着作用。如果实验者想要知道实验中的被试是否有意识地看到、说出一个三角形，被试就必须做某些事情，比如说出三角形是否存在。对被试来说，将所看到的事物归类为三角形需要计算过程，比如从记忆中提取出三角形的表征，将有意识的知觉与记忆痕迹进行比较，另外会有进一步的认知过程来决定是否要做出反应，如果决定做出反应，那么要列举候选反应并做出决定，然后产生反应。而且，在有意识地感知三角形的过程中会发生的认知过程之一是，决定是否继续注意这个三角形，以及之后发生的自上而下的注意过程。由于这些认知过程的目的都是在认知上获取知觉信息并将这些信息运用于任务中，因此，我们将这些认知任务统称为认知获取（cognitive access）过程。那么测量问题就是，如何从认知获取的大脑基础中分辨出意识的大脑基础。

注意，这个测量问题不同于戴维·查尔默斯（David Chalmers）有关意识的“复杂问题”。这个问题解释了为什么对红色体验的大脑基础不是对绿色体验的大脑基础，也不是没有体验的大脑基础。这个难题取决于红色体验的大脑基础的先验概念。即使我们不能解释为什么那种大脑基础是红色体验的大脑基础，而不是另一种体验的大脑基础，但我们依然能说出红色体验的大脑基础是什么。

为什么测量问题会成为一个问题呢？认知神经科学家已经识别出了大脑中许多专门化的回路。他们用的方法很简单：将人脸识别中活跃的脑区与其他类型知觉中活跃的脑区，或与没有知觉时的脑区进行比较。他们就是用这种方法识别出了“梭状回面孔区”（fusiform face area, FFA）以及其他两个与面部有关的脑区的。为什么神经科学家不能将相同的方法用于意识，即将有意识知觉时大脑发生的情况与相应的无意识知觉时大脑发生的情况进行比较呢？一种有益的做法是，给被试呈现一系列处于视觉阈上限的刺激。鉴于视觉加工性质的概率性，被试有时能有意识地看到阈限刺激，有时则不能。刺激依然是相同的，只是意识发生了改变，因此我们可以从刺激的意识背后，区分出有意识知觉和无意识知觉共同的知觉过程。这个过程就是“对比方法”。

正如上文提到的，问题在于我们只能根据被试的反应来区分有意识知觉和无意识知觉。因此对它们进行比较时，我们不可避免地会把有意识知觉的神经基础，与对这种知觉反应的神经基础混淆。由于对知觉反应的神经基础，恰好是我们所说的“认知获取”过程的基础，因此，对比的方法不可避免地会将有意识知觉的神经基础，与认知获取的神经基础合并为知觉内容。这个问题非常严重，许多研究者都认为它非常棘手，转而去研究我所说的“获取意识”了，也就是研究意识的神经装置与认知获取的神经装置的混合。

正如露西娅·梅洛尼（Lucia Melloni）和她的同事已经证明的，意识状态总会有一些先兆不属于意识的神经基础。[1] 例如，一个人是否看见某个刺激不只取决于其注意力的波动，还取决于发生在刺激之前的自发大脑活动的波动，它们为意识搭设了舞台，同时又不是意识的一部分。为了解决测量问题，我们必须努力地将意识过程与无意识过程分开，而在我们知道自己获得了意识的情况下，无意识过程一定伴随着意识过程。

确实，测量问题甚至比我目前谈论的更棘手。例如，大脑顶叶中的损伤会造成视觉－空间消失的症状。如果患者在左侧或右侧看到某个物体，那么他能识别出来，但是如果两侧都有物体，那么患者会说他看不到左侧的物体，因为知觉纤维交叉在为大脑提供信息。然而，在一个顶叶损伤的病例中，研究者给患者 GK 左右两侧呈现了两个物体，GK 说自己看不到呈现在左侧的人脸。杰兰特·里斯（Geraint Rees）证明了患者 GK 大脑中相关的面孔区，即梭状回面孔区被激活了，激活程度与他报告称的看到人脸时的激活程度几乎一样。我们怎么能知道 GK 是否拥有有意识的人脸体验呢，毕竟他自己都不知道？似乎我们要做的就是，在没有疑问的情况下找到人脸体验的神经基础，然后当 GK 说他在左侧什么都没看到的时候，确定 GK 是否获得了这种神经基础。问题在于，说看到人脸的被试和说没有看到人脸的被试，其额叶和顶叶中认知获取的神经基础的激活情况是不同的。因此，为了回答有关 GK 的问题，我们似乎必须首先判定，看到人脸的认知获取神经基础是不是有意识体验的神经基础的一部分。这是我们一开始要探讨的问题。

你可能会问，如果 GK 都不知道自己拥有有意识的人脸体验，那么这种体验对他是否有意义。让测量问题变得如此复杂的是，认知获取的某个方面可能构成了意识本身的一部分。如果认知获取的一部分构成了意识本身，那么 GK 就不可能在不知道的情况下拥有人脸体验。如果不解决测量问题，我们虽然可以记录人脸体验及其他回路中每一个激活的细节，但无法判断这些激活是有意识的还是无意识的。

测量问题对意识来说尤其尖锐，问题的各个方面引发了其他的心理现象。如果在心理层面上不知道神经激活在做什么，那么大量有关神经激活的高分辨率数据便毫无用处。一旦我们拥有了心理层面的理论，高分辨率的大脑数据便能告诉我们，这些理论是否能够做出正确的预测。但是如果没有心理层面的理论，无论分辨率多高，数据都是没用的。

意识的认知理论与非认知理论

认知获取是不是意识的一部分，这个问题的答案将研究领域划分成了两块。意识的认知理论持肯定的观点。斯塔尼斯拉斯·德阿纳（Stanislas Dehaene）、让－皮埃尔·尚热（Jean-Pierre Changeux）和他们的同事曾推崇意识的“全脑神经工作空间”理论①。[2] 根据这个理论，后脑感觉区域的神经联合体会互相竞争，“点燃”较大网络的胜利者将与负责各种认知功能的前部区域进行长距离连接。中枢网络的激活反馈给外周感觉神经的激活，并保持放电。一旦知觉信息成为主导联合体的一部分，所有认知机制便都可以获得这些信息，这被称为“全脑广播”（见图 14-1）。

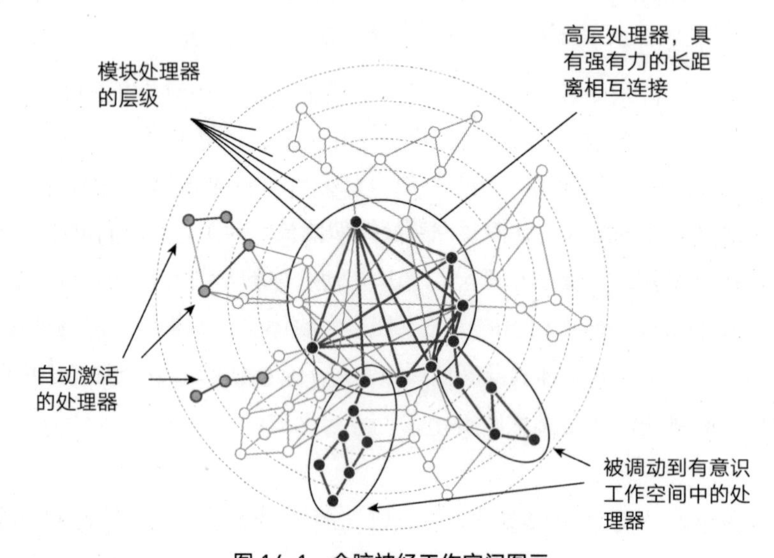

图 14-1　全脑神经工作空间图示

注：圆形以及它们之间的连接线代表神经处理器。实心椭圆和粗线代表激活。外层的圆代表感觉输入，而中心的圆代表大脑前部负责认知的脑区。

资料来源：Dehaene and Nacchache (2001). With Pernission of Elsevier。

① 

想了解这一理论的详细作用和更多意识研究范式，可以进一步阅读《脑与意识》一书，该书已由湛庐策划，浙江教育出版社出版。——编者注

根据全脑神经工作空间理论，意识只是全脑的广播。许多哲学家和科学家对这个观点都有不同的看法，包括席德·库韦德尔（Sid Kouider）、丹尼尔·丹尼特（Daniel Dennett），以及认为应该减弱形式的杰西·普林茨（Jesse Prinz）。[3] 这是一条有关意识的认知理论，因为全脑神经工作空间掌控着诸如分类、记忆、推理、决策和行为控制等认知过程。戴维·罗森塔尔（David Rosenthal）和哈柯文·劳（Hakwan Lau）所持有的另一种认知理论强调更高层次的思维，即如果知觉伴随着有关知觉的想法，那么知觉就是意识。[4] 这个想法处于更高的层次，涉及另一种心理状态。

维克托·拉米（Victor Lamme）、伊利亚·斯莱格特（Ilja Sligte）、安内林德·范登布鲁克（Annelinde Vandenbroucke）、塞米尔·泽基（Semir Zeki）和我持有相反的观点，那就是头后部知觉区域的激活，在不引发全脑广播的情况下也可能是有意识的。我们并不认为没有认知获取的可能就可以存在有意识的体验，但在没有真正的认知获取的情况下也可以拥有有意识的体验。图 14-2 中维克托·拉米的实验范式便说明了这一点。被试在图中看到一圈长方形，接着看到一个灰色的屏幕，然后再看到一圈长方形。会出现一条线指示着其中一个长方形的位置。这条线可以出现在第二圈长方形中，如 a 图；或者出现在第一圈长方形中，如 b 图；或者出现在中间，如 c 图。被试要说出第一圈和第二圈中所指示的长方形的方向是否发生了改变。被试在 b 图中完成得非常好，但在 a 图中完成得较差。c 图中的情况比较有趣，如果被试继续保持着所有或几乎所有长方形的视觉表征，那么他们会发现 c 和 b 之间的差异很小。即使当第一圈长方形出现 1.5 秒后，线出现在灰色屏幕中，被试也能在 8 次中说对 7 次。我要说明的观点是，即使在认知上只可能获取其中的一半，但被试具有所有长方形的有意义体验。因此维克托·拉米和我认为，与支持意识的认知理论观点相反，意识的神经基础不包括实际认知获取的神经基础。

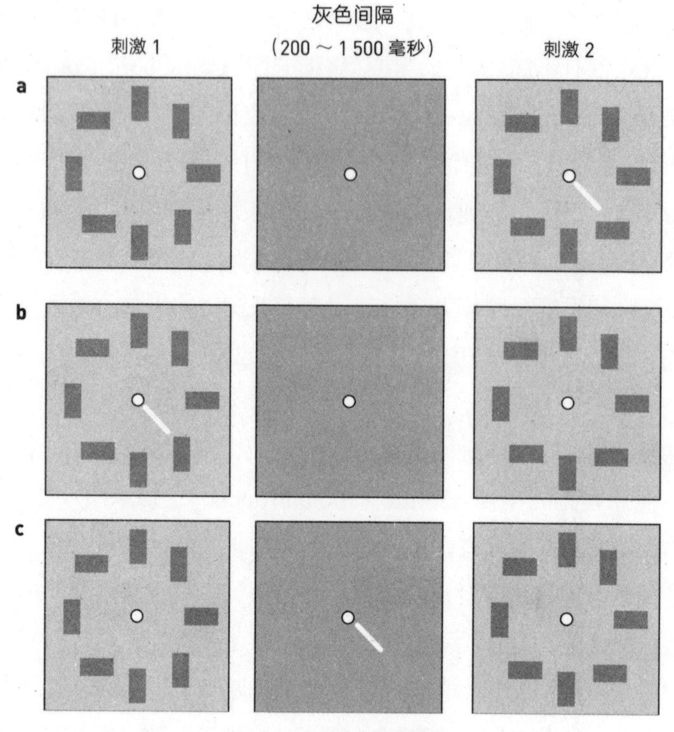

图 14-2　知觉任务模型

注：阿姆斯特丹大学维克托·拉米实验室所使用的知觉任务。一圈长方形会呈现半秒钟，然后是持续时间可变的灰色屏幕，接下来是新的一圈长方形。在这个过程中的某个时刻，被试看到指示其中一个长方形位置的线。被试的任务是说出这个长方形的方向在第一圈长方形和第二圈长方形之间是否发生了改变。

资料来源：Lamme (2003). With permission of Elsvier。

正如你猜到的，这个争论涉及大量的辩论术。斯塔尼斯拉斯·德阿纳在他 2014 年出版的书中写道，我们的观点会导致二元论。他说："感受的假设概念，即脱离任何信息加工任务的纯粹的心理体验，将会被视为近代科学出现前的奇特观点。"当然，维克托·拉米和我不认为非凡的意识不具有信息加工的任务。我们认为，意识给认知获取的轮子加了润滑油，但没有认知获取也可以有意识。

我们所探讨的测量问题是，证据怎么可能介于意识的认知理论和非认知理论之间呢？因为我们判断知觉是否有意识的能力不取决于认知过程，而是知觉经由认知过程浮现在提供意识的证据行为中。有些理论学家认为，测量问题或许能通过新技术来解决，这就是我们将要讨论的主题。

转基因小鼠和光遗传开关

全脑广播不仅包括前馈激活流，还包括从前部脑区到感觉区域的强反馈。克里斯托弗·科赫和土谷尚嗣（Naotsugu Tsuchiya）提出，使用神经基因对光敏感的转基因小鼠，用经过遗传改变的病毒来感染它们后，小鼠从前部脑区到感觉区域自上而下的反馈，可能会被脑袋上的光源或被植入大脑中的光纤关闭。[5] 如果没有自上而下的注意反馈，便不会有“点燃”，也不会有全脑广播。他们预测，如果没有注意反馈，小鼠将能够有意识地看到单一的物体，没有任何分散其注意力的物体。根据他们的观点，小鼠只有为了从视野中的两个以上的项目中挑选出一项时才需要自上而下的注意。例如，如果红色的“T”是唯一可见的事物，那么无须自上而下的注意也能发现“T”。当还存在其他分散注意力的事物，比如一些黑色的“T”和一些红色的“F”时，那么为了发现红色的“T”便需要自上而下的注意。

假定他们的预测得到了证实，小鼠在没有分散注意力的事物存在时能完成任务，在有分散注意力的事物存在时不能完成任务。我们怎么能知道被光遗传开关关闭的、自上而下的反馈，是否在有意识地完成任务呢？科赫和土谷提出采用决策后下注法，其中小鼠通过“打赌”来表达它们对选择的信心。以下是对人使用决策后下注的方法：给予被试一些积分，它们价值若干金钱。被试判断是否有一个刺激物被呈现出来，然后打赌这个判断是否正确。在被称为盲视的条件下，视皮层的某些部分被破坏了，造成被试无法有意识地看到视野中被破坏部分的物体。被试能够非常准确地猜出所呈现的物体，但他们具有的是猜测的现象学，而不是看到的现象学。在决策后下注的测试中，盲视的被试猜得很不准确，因为他们对自己的猜测完全没概念。这说明，下注能够提供有意识知觉的索引。

事实证明，动物可以做等同于打赌的事情来获得更多食物。科赫和土谷说，人类可以用决策后下注来测试光遗传小鼠是否有意识地看到了刺激物。信心大则说明其存在有意识的知觉，信心小则说明它们存在无意识的知觉。但是，关闭自上而下的过程是否会破坏小鼠的下注决策呢？科赫和土谷认为，涉及注意力和全脑广播的各种自上而下的过程会影响小鼠信心，因此它们可能不会被光遗传开关关闭。

思考这个问题的一种方式，是想象做一只光遗传小鼠会是什么样。假定你是一个转基因生物，你的光遗传开关被拨动，从而妨碍了自上而下的注意。假设科赫和土谷是正确的，那么你会具有有意识的体验。那是一种什么样的感觉呢？如果没有自上而下的注意，体验会像万花筒一样有许多混乱的知觉碎片，它们具有各种感觉形态，而且在任何一种形态上的注意力都不会持久。艾莉森·戈普尼克（Alison Gopnik）认为，这就像出生后最初几个月里的婴儿，他们感觉区域中的突触和髓鞘比前部脑区的多很多，而前部脑区负责的就是自上而下的注意。设想一下，在开关被关闭前，你被训练得能够对红色的“T”做出反应，无论是单独出现的红色“T”，还是在一大堆黑色“T”和红色“F”中隐藏着的红色“T”。现在开关被关闭了，你具有对红色“T”的视觉印象，它是具有各种形态且杂乱无章的知觉的一部分。你预测你感知到红色“T”的准确性有多大？万花筒一样混乱的知觉当然有可能降低一个人对知觉的信心。

现在假设科赫和土谷的预测是错误的，当光遗传开关被关闭时，它关闭了自上而下的注意的同时，也关闭了有意识的知觉。没有自上而下的信号，便没有了全脑广播。像盲视患者一样，被试仍可以在无意识知觉的基础上可靠地猜出是否有红色的“T”。那么下注的行为受到了怎样的影响呢？所有参与研究的盲视患者中，只有一名患者具有部分看不见和部分看得见的视野；一名盲人，能够很有信心地在布满障碍的走廊里穿行。因此很难预测具有无意识视觉的感知者会有多大的信心。总之，一旦光遗传通道被关闭，下注和意识之间便没有了相关性。

结论是，尽管转基因小鼠的使用可以为研究做出重要贡献，但它只能成为迫切需要解释的另一条证据。

非概念性表征与测量问题

解决测量问题需要重新思考我们正在使用的基本观念。以下介绍的是泰勒·伯奇（Tyler Burge）在著作《客观性的起源》（*Origins of Objectivity*）中描述的知觉模型。[6]

伯奇将一种属性，比如圆形和一种知觉表征进行了区分，形成圆形的知觉表征。知觉表征的格式是图标性的，可以用“那个 X”来表示，“那个”代表一个要素，比如图 14-3 左侧的那个圆形盘子，“X”是纯粹的知觉表征，比如盘子的圆形。图 14-3 中知觉右侧的下一个阶段是基本知觉判断。在这个阶段，感知者判断物体是圆形的。注意：“那个 X”不包含概念，而“那是圆形的”才包含概念圆形；“那个 X”没有提出立场或做出判断，也就是说，它并没有说某事物是这样的或确实如此。通过将圆形的概念运用于认知，产生结构化的命题心理表征，就形成了“那是圆形的”这一基本知觉判断。

为什么我们要探讨知觉和概念呢？解决测量问题的关键在于理解两种不同体验之间的差异：非概念性知觉和涉及概念的有意识知觉判断。

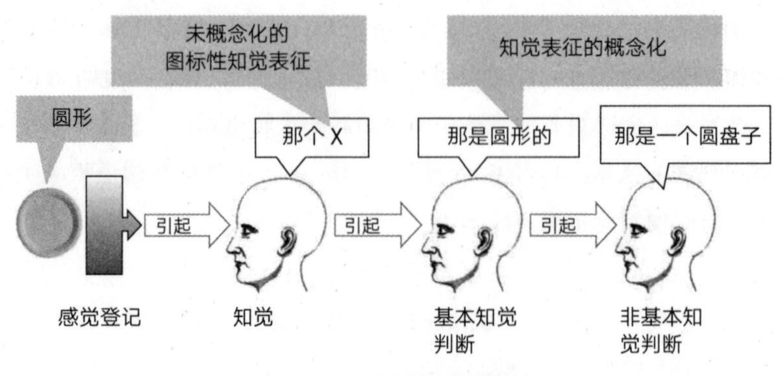

图 14-3　伯奇的知觉模型

注：该图为内德·布洛克在 2013 年绘制。图中删除了后馈影响。在视网膜层面不存在自上而下的影响，但在其他各个层面上都存在着自上而下的影响。

什么是概念？我所使用的术语“概念”指的是适用于某事物的想法或判断的构成要素，比如适用于圆盘子上的“圆形”。

将概念与概念所指的事物区分开是非常重要的，人们常常把它们搞混。例如，布鲁诺·拉图尔（Bruno Latour）声称，拉美西斯二世不可能死于肺结核，因为罗伯特·科赫（Robert Koch）到 1882 年才发现了结核杆菌。[7] 拉图尔说：“在科赫之前，结核杆菌并不真的存在。说拉美西斯二世死于肺结核就像说他死于机枪的扫射一样荒谬可笑。”然而，1882 年之前不存在的不是结核杆菌，而是人类对这种杆菌的认识。在人类有肺结核这个概念之前，便有很多人死于这种疾病。

我提到知觉与概念之间的一个差异是格式。知觉是图标性的，概念是命题性想法或判断中的一部分。另一个差异是计算作用：知觉近似于模块化系统中的构成要素，而概念在思考、推理、决定等认知过程中具有更广泛的作用。在这里，重要的不是知觉和概念之间的区别，而是它们具有性质上的接合点，而这个接合点的特征描述依然是值得研究的对象。

在伯奇的知觉模型中，两个不同的项目可以被看成有意识知觉的不同方面：非概念化的知觉本身和基本知觉判断。有意识的知觉只需要很少的认知甚至不需要认知。一只小鼠不能对圆形进行思考或推理，但它或许能够有意识地感知到圆形。相比之下，有意识的基本知觉判断只存在于能够使用概念、能够进行思考和推理的生物中。尽管知觉可以是有意识的，也可以是无意识的，但非概念性知觉与基本知觉判断之间的区别，有助于我们思考测量问题。弗朗西斯·克里克（Francis Crick）和克里斯托弗·科赫在 20 世纪 90 年代实现了意识研究上的一个重大进步。由于许多哺乳动物的视觉器官类似于人类的，因此我们可以研究这些动物的知觉意识，尽管它们缺少许多思维和推理所需的语言能力。现在我要转向，探讨非概念性知觉与基本知觉判断之间的区别，为什么会对实验具有重要意义了。

方法上的简单进步：不要索求报告

人们在有的出版物上看到的大脑成像图通常描绘的是活跃的脑区。产生这些图像的成像技术包括功能性磁共振成像、正电子发射断层扫描、计算机化 X 射线轴向分层造影，它们都能够进行空间局部化，但无法进行时间局部化。在有意识知觉的研究中，时间像空间一样重要。一项对研究有帮助的技术是事件相关电位法（ERP）。在这项技术中，被放置在人的头皮上的电极能够测量一个事件随时间改变的反应，比如视觉刺激。大脑对视觉刺激的反应有一些可辨认的组成部分，研究者可以探究哪些组成部分与刺激的可见性最相关。斯塔尼斯拉斯·德阿纳和其他全脑广播法的倡导者，采用事件相关电位法发现了意识的神经基础。他们的尝试证明，事件相关电位的组成部分反映了发生在意识过程末期的可见性，在此之前，概念表征已经被启动。这也正是全脑广播理论所预测的情况。德阿纳和他的同事所采用的方法包括刺激的概念化。有一项研究给被试呈现了一个目标数字，这个数字处于视觉阈限上，被试是否看到这个数字的客观指标是，被试是否能说出这个数字比

5 大还是比 5 小。这项任务要求被试用算术术语概念化所看到的形状，并进行算术操作，这是一个充满概念化的任务。在另一项实验中，被试必须说出他们看到的数字的名称，这再一次要求被试对刺激进行概念化。我们有理由反对，事件相关电位法揭示出的不是纯粹的知觉，而是将概念化应用于知觉的知觉判断。

我们该如何避免这样的陷阱呢？迈克尔·皮茨（Michael Pitts）在 2011 年公布了 240 个试验，在这些试验中，被试会看到一个红色圆环，红色圆环上有一些小圆盘。[8] 被试的任务是将注意力聚焦于圆环，寻找其中一个模糊的圆盘。与此同时，在圆环的背景中有许多小线段，这些线段的方向要么是随机的，要么组成了某种几何图形。在一半的试验中，线段会组成一个长方形的背景图形。在完成 240 次视觉刺激和回答完有关圆盘的问题后，皮茨让被试回答一系列问题，探究他们是否看到了 240 次试验背景中的图形，了解他们对看到的图形能记住多少，并记录下被试识别出的图形。那些不太相信看到的长方形的被试，其事件相关电位情况与其他人的不同。这种情况明显不同于德阿纳及其同事的报告：事件相关电位与判断长方形可见性最相关的组成部分先于全脑广播。这说明，被试在做出存在一个长方形的知觉判断之前，便有意识地感知到了长方形。这说明大脑激活点位于知觉脑区域中，而不在负责概念化的大脑前部区域。这项实验简单且低科技，相关的有意识体验与任何任务都没有关系，直到知觉消失很久之后。因此，执行这项任务时很可能没有发生通常的意识与认知的合并。

不让被试做任何事情的方法被沃尔夫冈·艾因豪泽（Wolfgang Einhäuser）的实验室用在了一个完全不同的范式中，即双眼拮抗。[9] 双眼拮抗是 16 世纪时科学家发现的一种现象，两种不同的图像会被呈现在被试的两只眼前。一种图像会占据被试的整个视野，然后另一种图像则不会。这样就会让被试对视界的两种解释交替出现，大脑中暂时会出现两种图像的混合。例如，在一只眼前呈现向左移动的网格，在另一只眼前呈现向右移动的网格。被试先注意到左侧的移动，然后注意到右侧的移动，然后再左侧，如此交替。许多研究证明，当相互竞争的知觉交替时，大脑后部视觉区域中的激活以及大脑前部全脑广播区域中的激活都发生了改变。很多研究者以此来支持有意识知觉的全脑广播理论。彩图 9 显示的是最早进行的这类研究之一。在这个研究中，被试一只眼前呈现的是人脸图像，另一只眼前呈现的是房子的图像。知觉在人脸和房子之间交替，这使研究者能够精确地找到专门感知人脸的回路和专门感知房子的回路。

在最初的双眼拮抗实验中，被试通过按下按钮来报告自己看到了什么。艾因豪泽的实验采用了一种新的判断知觉发生改变的方法，这种方法不需要被试做出反应。新方法关键在记录微小的眼睛运动，它们会向实验者透露出被试在感知左侧的运动还是右侧的运动。在另一种版本的实验中，发生改变的是被试瞳孔的大小。被试通过按按钮来证明眼睛运动的方法是有效的，一旦这种方法被证明是有效的，被试便不需要再完成任何其他任务了。结果很有趣，当没有任务要做时，前部大脑区域的活动便没有了差别。有意识知觉的所有差别都在大脑后部和中部的视觉区域和空间区域中。研究者得出结论，之前出现的大脑前部全脑神经工作空间的改变，反映了被试做出反应所需的自我监控；当不需要反应时，便没有了监控或者监控变得极少。斯塔尼斯拉斯·德阿纳在他 2014 年出版的书中写道，当“前额叶皮层得不到信息时，信息便不能被广泛地分享，因此人会依然处于无意识状态”。[10] 这些实验说明，知觉表征能够被有意识地体验到，只要它们是可获得的，即使它们在全脑神经工作空间中没有被广播也没关系。

这项研究没有使用新技术，而是使用的行为技术，即用眼睛的运动和瞳孔大小的改变来区分不同的知觉。这些结果与普通分辨率的大脑成像结合起来后，当你知道自己在寻找什么时，普通分辨率便足够了。

我们在解决测量问题上已经取得了巨大的进步，这个进步来自清晰的概念、行为技术和普通分辨率的大脑成像，而不是来自昂贵的高分辨率大脑成像。我们可以从中汲取的经验是，隔离大脑中的意识可能更多地依赖我们要寻找什么，而不是依赖新技术。从更广义的方面来说，如果弄不懂大脑激活在心理层面上的意义，那么高分辨率的数据便毫无用处。当我们拥有实质性的认知神经科学理论以及这类理论内嵌的复杂概念时，检验这些理论可能需要大科学。但是，我们不能期望这些理论和概念以某种方式从大科学中浮现出来。让我们改写一下康德的话，没有数据的概念是空洞的，没有概念的数据是盲目的，“知识来自它们的联合”[11]。

15 从神经回路到行为：跨度太大了吗

马泰奥·卡兰迪尼（Matteo Carandini）
研究视觉系统的神经科学家，伦敦大学学院教授

神经科学的一个基本指令是，揭示神经回路是怎么产生知觉、思想和引起最终行为的。普通大众可能认为这个目标已经实现了，尤其是当新闻报道说某个行为与某部分大脑有关时，大家会把这看成对行为的解释。然而神经科学家知道，许多行为不同的方面是否源于神经回路还未得到证明。

显然，我们需要做更多的工作，投资者和研究机构已经意识到了这一点。例如，加州大学圣迭戈分校成立了神经回路与行为中心，英国伦敦大学学院也成立了神经回路与行为中心。另外，大脑计划等项目也得到资助，旨在为证明这一结果提供重要数据。投资者应该对科学家的这类努力进行投资，因为他们的目标令人激动且合理。那研究进展如何呢？我们是否能直接从神经回路联系到行为，还是说跨度是不是太大了？

计算：神经与行为之间的中间层

想象一下，我们试图了解的不是大脑，而是笔记本电脑（见图 15-1a），但我们掌握的知识和工具是 100 年前的。生理学家可能会发现晶体管、芯片、母线、同步时钟和硬盘驱动。解剖学家会努力探索芯片内部和芯片之间的连线。但是他们之间会出现激烈的争执，因为连线的细节在老款的和新款的芯片之间或者品牌与品牌之间存在差异。心理学家会把注意力集中在软件应用的输入 - 输出性质上，但那些研究商业应用的人会不赞同那些研究电子

游戏的人。在这个阶段，没有理论能够将硬件与计算机的操作联系起来。

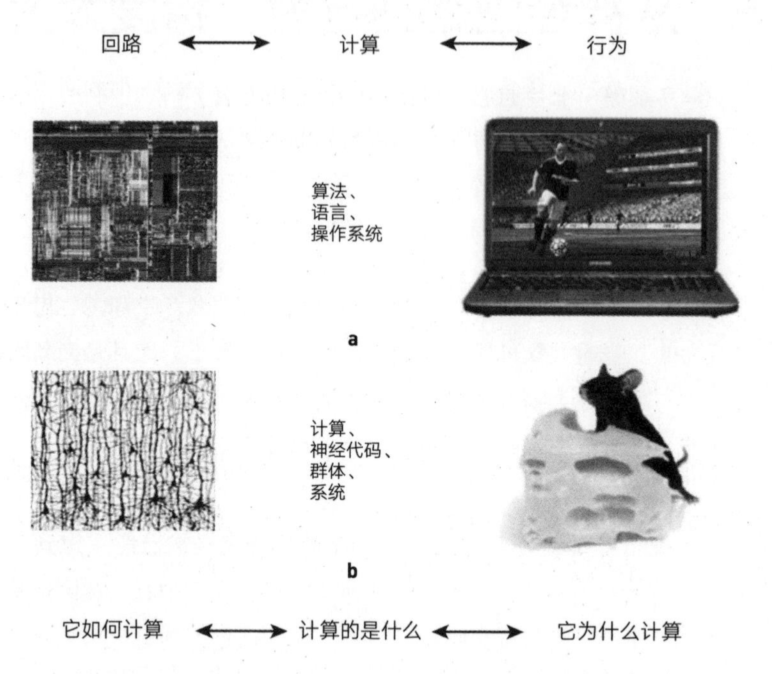

a. 微软微处理器中一个部分的连线，笔记本电脑在播放很受欢迎的电子游戏（FIFA12）；
b. 皮层中的锥体神经元，小鼠此时的活动让它很愉快。

图 15-1　回路与行为之间的连线

有什么发现能够弥合神经回路与行为之间的鸿沟呢？这需要有一个中间层（计算机语言和操作系统层）才能实现。这个中间层整齐地将硬件与软件分开，不同的模型和品牌有不同的回路，但它们在中间层进行的计算完全相同。不同的软件应用建立在不同的指令组合基础上，但最终依赖于一套相同的有限计算。

研究者理解这些计算后便能够提出有关神经回路及其工作方式的研究课题。反过来，有关软件应用的理论建立在计算机算法的基础上，不需要涉及电线和电荷。总之，理解描述的中间层将有助于科学家解释计算机是如何工作的。

从某些方面来看，这是一个令人厌倦的类比。每一代人都倾向于将大脑与他们那个时代复杂的技术，如与织布机、电话交换机、化学工厂或全息图进行比较。几年后这些比较看起来就很奇怪可笑了。此外，大脑可能更类似于一些具有特殊目的的机器的集合，比如视觉回路、嗅觉回路或身体运动回路为了实现运动功能紧密地连接在一起，这种连接比通用的计算机连接更紧密。即使如此，不可否认，大脑是一个信息加工器官，值得将它与最好的信息加工设备进行比较。

更重要的是，与计算机进行类比说明了科学研究的一般规则，那就是寻找适当的描述层。这个描述层介于详细的机制与整体功能之间。例如，在物理学中，一旦系统超过 10 个粒子，便不可能解开粒子间相互作用的等式，甚至无法模拟它们之间的相互作用。因此，为了描述尺寸够大的一块物质，固态物理学家开发出了一些能够在微观层面上成功操作的理论。

类似的例子在生物学中有很多。例如，我们喜欢用少量的结构域来描述蛋白质，而不是用数千种氨基酸。不需要涉及精确的氨基酸序列，我们就可以确定并理解蛋白质的结构域。它们构成了大脑的中间层，将结构层与整体功能层分隔开了。

在理解大脑的尝试中，寻找中间层的类似方法也有可能取得成功，比如若我们能够找出神经回路与行为之间的中间层，即大脑的计算阶段就可能成功（见图 15-1b）。这些计算等同于大脑操作的计算机语言，它们发生在单个神经元的活动中，也发生在神经元群体中。

当前的计算方法

实际上，近几十年的研究开始揭示出一些这样的计算方法了。越来越多的证据显示，大脑依赖于一套核心的标准神经计算。它们被跨脑区、跨形态地组合并重复，大脑可以用类似的操作来解决不同的问题。

过滤是感觉系统中典型的神经计算，神经元对感觉输入进行加权求和，求和中使用的权重被称为“感受野”。至少在视觉系统、听觉系统和躯体感觉系统的各个阶段中都存在这种过滤操作。它可能也在运动系统中发挥着作用，其中，神经元可以指定“力量野”，将权重分配给每一个身体位置，定义抵达最终位置所需的力量。

典型神经计算的另一个例子是分裂正常化，也就是拿一个公因数去除神经元的反应。这个公因数是大量神经元活动的总和。分裂正常化的最初目的是解释初级视皮层中的反应，现在人们认为，它在整个视觉系统以及其他多种感觉形式和脑区中发挥着作用。它也是各种操作的基础，如气味的表征、视觉注意的调配、价值的编码以及多种感觉信息的整合都与它有关。

这些计算是神经回路与行为之间的桥梁，也是不同计算间联合发挥作用的例证。例如，人类视觉检测的标准模型始于过滤器构成的前端，接下来便是分裂正常化阶段。除了过滤与分裂正常化之外，在早期的视觉系统中，还会进行大量神经元活动的概括。同样，它们引导了许多旨在发现基础神经回路的实验。

然而，过滤和分裂正常化只是神经计算中的两个典型例子。它们是从作者的专业领域中挑选出来的例子。其他例子包括求幂、周期性放大、联想学习规则、认知地图、重合检测、自上而下的增益变化、人口向量以及动力系统中的约束轨迹，它们会由其他作者来描述。当然，未来的研究将会发现新的计算方法，也将会告诉我们，在不同的脑区和形态中计算被组合在一起的各种方式。

很重要的一点是，科学家对神经计算的研究不需要依赖对基础生物物理学的理解。有些计算，比如求幂与基础生物物理机制产生峰电位的神经元阈限密切相关。然而有些计算，比如分裂正常化则不太可能一对一地映射到生物物理回路上。这些计算依赖于多个回路和机制联合发挥作用，它们在脑区之间、物种之间可能存在着差异。在这方面，它们类似于计算机语言中的一套指令，这些指令不会单一地映射到特定的一套晶体管上，也不会需要特定的软件应用。

这些神经计算一旦被发现，便能成为研究基础神经回路和机制的强大指引。如果不知道神经回路在计算什么，在用求幂、分裂正常化法或两组输入之间的时间差检测过滤着什么，我们便很难了解它。

然而，有时沿着相反的方向去探索也是有价值的，比如从神经回路或生物物理化机制开始，研究它的计算任务。这就是克里斯托弗·科赫在他的书《计算的生物物理学》（*Biophysics of Computation*）中提到的方法。例如，他对皮层垂直柱中回返性兴奋的研究引发了科学界以下的观点，那就是皮层垂直柱可能发挥着放大器的作用。放大是一种有用的计算。与之类似，发现抑制性中间神经元具有某些感觉偏好说明，抑制性中间神经元通过压抑对特定刺激的反应来塑造其他细胞的行为。

20 世纪 80 年代，戴维·马尔在他富有影响力的著作《视觉》（*Vision*）中提出，我们应该聚焦于计算这个基本观点。马尔认为："应该把特定的生物神经元或网络看成一种较普遍的计算算法的执行。"他提出："神经元系统的具体细节可能不重要。"这看起来比较极端，但有助于区分两类问题：一类是计算什么，另一类是如何计算以及为什么计算（见图 15-1）。

我们应该如何去发现并描述更典型的神经计算特征，它们又是怎样协同而产生了行为的呢？已知的神经计算是通过测量单个神经元和神经元集群的反应而发现的，并将这些反应与已知因素，如感觉输入、知觉反应、认知状态或运动输出建立起定量关系。这种方法显然表明了一种好的研究方式，那就是在良好界定的行为背景中，在多个脑区同时记录很多神经元的峰电位。目前我们已经记录几百个神经元了，新技术将很快能把这个数字增加到几千个，甚至在很短的时间里增加到几百万个。发展这类技术正是大脑研究计划的目标，而且我们已经看到了令人激动的发展前景。

为了指引这些实验，解释层出不穷的数据，我们将需要新颖的理论。理想的情况是，这些理论将为大量神经元群体的协同活动建立新的隐喻。让我们思考一下计算神经科学的最大成功应该是：艾伦·霍奇金（Alan Hodgkin）和安德鲁·赫胥黎（Andrew Huxley）的动作电位模型。这个模型成了连接神经结构与功能的桥梁，它依赖的不是化学描述，而是一个隐喻：等效的电子电路。通过将这个隐喻扩展到细胞膜以外，它获取了大量数据并引导了几十年来有关基础生物硬件的研究，如电压敏感性离子通道。

从连接组到模拟组

当然还有一些方法不同于马尔的方法，其中一种著名的方法是获取整个大脑的神经回路图，也就是连接组。这毫无疑问将有助于我们理解神经回路如何产生了计算（见图 15-1 的左侧图）。例如，最近研究者获得了视网膜的一小块神经组织，解答了长期以来有关方向选择的问题。然而，这种方法不能解释各种计算如何一起产生了行为（见图 15-1 的右侧图）。

更广泛地来说，连接组图谱可能不像人们以为的那样有帮助，尤其是当这份图谱没有连接强度的相关信息时。例如，我们很早就知道了秀丽隐杆线虫完整的连接组，详细描述了302个神经元的7 000多个连接，但是我们依然无法预测它的行为，更不用说这种行为如何被学习所改变了。科里·巴格曼（Cori Bargmann）强调的关键困难之一是，只有连接组图谱是不够的，我们还需要知道神经调节素每时每刻的浓度，神经调节素能够快速而彻底地改变神经网络的功能。回到我们最初的类比上，那些研究笔记本电脑的科学家从编程语言手册中获得的益处，比从奔腾芯片晶体管（见图15-1a）之间的连接图中获得的益处更大。

马尔的方法有一种替代法，即完全模拟大脑复杂的神经回路，从而获得“模拟组”。伴随着神经模拟器GENESIS的出现，这种方法在20世纪90年代初得到了很多支持，与之竞争的项目有蓝脑计划和人类大脑工程。以下这个重要的基础性假设摘自《GENESIS之书》（*The Book of GENESIS*）：“了解神经系统计算的方式将紧紧依赖于对其结构细节的了解”。因此，研究者应该寻找与大脑解剖结构和生理结构紧密相关的计算机模拟，期待在神经结构突现特征的基础上，发现一些有关功能的意外之喜。

模拟组的问题在于，这些意外之喜并没有出现。自从这个观点被提出来后的几十年里，我们并没有通过汇总大量神经系统的详细模拟获得更多发现。GENESIS和其他精准的神经模拟器的成功之处在于，当它们专注于更微观的尺度，像粒子通道这样微小的事物时，详细模拟或将为理解单个神经元或树突中的计算做出贡献。然而，将所有亚细胞细节都放入一个巨大神经回路的模拟中，不太可能解释清楚基础的计算。确实，蓝脑计划很难履行它最初的承诺，而人类大脑工程也不会做得更好。

虽然我们有从行为到计算，再到神经回路的还原性方法，也有以此取得成功的案例，但仍需要为从回路到计算再到行为这种建构主义的方法提供充分的证明。其他科学领域中也存在着类似的情况，正如菲利普·安德森（P. W. Anderson）所说："将所有事物还原为简单的基本法则的能力，并不意味着能够从这些法则出发，重新构建出宇宙。"

还算幸运的是，研究者已经强烈地意识到亚细胞的各个层次和神经网络的各个层次是彻底分离的。例如，伊芙·马德（Eve Marder）和其他人的研究显示：非常不同的生物物理细节能够产生相似的细胞和网络反应模式。反过来，扎卡里·迈宁（Zachary Mainen）和特伦斯·塞诺夫斯基（Terrence Sejnowski）的研究显示：生物物理细节的微小改变能够导致细胞性质的巨大差异。这种层次的分离有望使我们真正了解回路与行为之间的关系。相反，如果理解行为需要理解大量分子、渠道、感受器、突触、树突、神经元等的关系，那么我们取得成功的希望太渺茫了。

总之，神经回路与行为之间的"鸿沟"太宽了，如果没有中间层便无法跨越。在马尔奠定的基础道路上继续走下去，那么这个中间层显然是计算方式之一。神经科学家已经确定了一些看起来很典型的计算，即在大脑中以不同的方式被重复、被组合的计算。新实验、新技术和新理论有望很快找到更多的计算方式，为我们提供有关这些计算如何被组合在一起才能产生行为的更多具体例子。当然，这个观点并不是提倡大脑回路研究者与行为研究者分离开来。相反，当回路研究者和行为研究者开始讲共同的语言，也就是我们刚刚开始学习的神经计算的语言时，他们都能走得更远。

16 进化中的启示

利娅·克鲁比泽（Leah Krubitzer）
加州大学戴维斯分校的心理学教授，进化神经生物学实验室的负责人

当受邀为这本书写一篇文章的时候，我答应了，原因有两条：第一条，也是最显而易见的一条是，我研究大脑。作为一名进化神经生物学家，我对大脑的过去比对它的未来更感兴趣。第二条原因基于纯粹的虚荣心，有谁不愿意被归入“世界顶尖神经科学家”的行列呢？在这篇文章中，我思考了一些有关大脑功能与进化的重要问题。我认为，未来我们应该把精力放在了解大脑上。在文章的结尾，我简要评估了一下我们目前对大脑未来进化能力的预测。

从哺乳动物到人类

作为一名神经科学家，我获得的第一个重要启示是：为了了解大脑的进化和运作的复杂性，仅研究结构复杂的大脑是不够的。我还是一名年轻的本科生的时候，就对人们为什么会以他们各自的方式行事感兴趣了，其他让我感兴趣的问题还有，大脑如何产生了行为，大脑和行为是如何进化发展的。尽管读研究生的时候，我主要研究的是非人类灵长类动物的大脑，但我最终得出一个结论：要想真正了解复杂的大脑是如何进化的，只研究我们的近亲，比如大猩猩，是远远不够的。猩猩的大脑虽然非常复杂，但有些重要的发现要通过对不同物种的研究来间接获得。例如，我们从哺乳动物的比较研究中知道，不同物种的新皮层，即大脑中涉及知觉、认知和随意运动控制的部分，在相互连接的皮层场的大小和数量方面存在着很多差异。

比较研究显示，灵长类动物，包括人类进化出了具有多个部分的巨大新皮层，但在其他种类的动物中，比如鲸类中，新皮层也得到了进化。为了了解这类复杂的大脑是如何进化的，我认为很重要的一点是，搞明白早期哺乳动物新皮层的组织结构，然后判定其大脑发生了什么类型的改变。于是我来到澳大利亚，在那里我可以研究在进化早期便发生分叉的哺乳动物，比如单孔目动物和有袋类动物，希望它们保留了从祖先那里继承而来的新皮层组织结构的一些原始特征。在澳大利亚时，我发现单孔目动物和有袋类动物的新皮层有一些相同的基本特征，这是所有物种共有的，它被精心设计在不同哺乳动物的大脑中。每一种现存的哺乳动物，包括人类，在2亿多年前都从哺乳动物的共同祖先那里继承了新皮层组织与连接的某些特点。

我获得的第二个重要启示是：与众不同的哺乳动物能够让我们对大脑的构建规则和大脑与身体的关系有更多了解。对极其特殊的动物，比如鸭嘴兽、星鼻鼹鼠或蝙蝠，科学家进行的比较研究提供了有关人类大脑的重要发现。例如，鸭嘴兽的喙非常特别，具有电感受体，它用这个特殊的身体部位导航、求偶，在水中捕食。这个特殊的身体部位与大脑的一些特征相关，比如皮层会放大或加工来自特定身体部位的输入皮层数量。鸭嘴兽的独特之处在于它的喙具有不同寻常的放大率，大约90%的躯体感觉皮层都被用于表征它的喙。哺乳动物的这些身体特殊性还与周围环境刺激的类型和大脑中连接的改变有关，神经元会对这些刺激做出反应。

对特殊动物的研究还显示，随着有机体发育成熟，在新皮层的形成和大脑的构建中，这类特殊身体形态发挥着重要作用。如果我们从同样的角度来思考人类的特殊性，可以得出这样的结论：与产生语言相关的人的声道和口腔结构对应着很大一部分新皮层，这些新皮层负责加工相应的输入，而且这些脑区的连接随着这类特殊身体结构发生了改变。正如泰德·布洛克（Ted

Bullock）在《科学》杂志发表的文章中表述的“比较神经科学为寂静的进化带来了希望”。比较研究在揭示大脑组织结构的进化历史或根源、大脑构建的规则、神经系统发展进化的限制，以及大脑组织的相关性或普遍原理上具有重要的作用。虽然我们对人类大脑的复杂性很感兴趣，但我们必须承认，大多数有关大脑构建规则和新皮层功能的普遍原理来自对其他哺乳动物的研究。

我获得的第三个重要启示是：大脑并不是在真空中进化或发挥功能的。多年来，我对各种哺乳动物进行了比较分析，发现大脑，尤其是新皮层在整个进化过程中发生了改变，还发现了促成皮层表现型的某些方面，比如组织结构和连接方面的因素。在思考这些问题的时候，我特别“以大脑为中心”，一部分是源于我早期的受教育经历。尽管读本科时，我对多个物种进行过研究，但实验局限于用电子生理学记录技术和神经解剖学技术观察和倾听大脑。我的意思是，除了大脑我没有认真思考过动物身体的其他部位。我职业生涯中最重要的启示之一发生在我在澳大利亚从事博士后研究的时候。那时我不得不去抓捕想要研究的动物，我还清楚地记得，深夜里我在浑浊的水中划着船，扯起刺网，满心希望能捕到鸭嘴兽。我惊叹于它的喙的质地和构成、它的小眼睛、它长着蹼的爪子和厚到不可思议且防水的皮毛，我甚至在想，做一只鸭嘴兽会是什么感觉。

这一切到现在还历历在目。当我发现鸭嘴兽大量的新皮层用于加工来自喙的输入时，我终于意识到，我的好奇心从来没有得到过满足。尽管我的大脑和鸭嘴兽的大脑在组织结构上有一些共同点，但我没有像鸭嘴兽那样符合流体动力学的身体，也没有来自喙上的机械感觉受体和电感受体的大量输入冲进我的大脑。大脑并非孤立地发挥作用，而是位于身体中，身体往往容纳着专门化的感受器阵列。所有动物都是在充满了有生命物体和无生命物体的背景中发展进化的，同种个体和不同种个体都会受到支配着地球上物质与能量的法则限制。

从基因到表现

我获得的第四个重要启示是：基因并不能解释一切。越来越明朗化的事实是：表观遗传机制，即改变基因转录或基因表达的机制对构造大脑至关重要。大脑进化的背景和动物生活的背景对其大脑进化有很大影响。

20世纪中期，康拉德·沃丁顿（Conrad Waddington）最早提出了“表观遗传学”这个术语，他用这个术语解释细胞在发育过程中发生的变异。如果DNA与表现型之间存在一对一的对应关系，那么身体中每一个体细胞都应该相同，它们包含着完全相同的基因型。相反，脑细胞的表现型不同于肝脏细胞的表现型。因此，沃丁顿把控制基因型转为表现型的机制定义为表观遗传学。

我们现在思考一下，在沃丁顿的定义中，细胞的基因型在保持稳定的同时，表现型在发展过程中具有巨大的可塑性。这说明，表现型可以在基因型保持不变的情况下发生改变。因此在基因发展的过程中，表观遗传机制使得具有相同DNA的细胞能够发生分化，并且将基因功能的改变传递给下一代细胞，这些基因功能的改变无法用DNA序列的改变来解释。如果我们对这个概念进行扩展，假设有机体在一生中不会保持稳定不变，而将它会对社会背景、环境背景动态地做出反应的事实考虑进来，那么表观遗传机制可能也调节着大脑和行为对环境的适应。

来自迈克尔·米尼（Michael Meaney）和弗朗西斯·尚帕涅（Frances Champagne）的实验室研究显示，早期发展环境的改变引起了表观遗传学的改变，如DNA甲基化，这会成为生物大脑发展可塑性的机制。例如，营养、压力和母亲照顾在早期发生的改变，会触发表观遗传机制，产生大脑与身体解剖结构与功能的改变，同时改变后代的行为。行为的改变会通过对部分神经内分泌系统的表观遗传效应而被跨代保留下来，或者在有些情况下，通过对种系的表观遗传效应而被保留下来。

人类作为例证，表明了表观遗传机制在塑造大脑与行为上的惊人作用。为了实现双手的灵巧性，手的解剖结构发生了改变；为了产生言语，声道成为必须；内耳能够放大与人类言语有关的频率，在我们将这些特征归结为现代人类的特征之前，它们已经在人群中普遍存在了。复杂人类行为的解剖学基础很早就出现在了祖先和尼安德特人身上，但诸如语言和使用复杂精确工具是由个体发展所处的社会文化背景塑造的，而不是传统进化机制的结果。从我们自己的研究和其他实验室的研究中可以知道，环境是大脑在获得感觉信息时的一个复杂的动态模式。环境能够改变新皮层的连接、功能组织结构和由此产生的行为。值得注意的是，在大脑进化过程中和我们的一生中，有可能通过改变刺激模式来显著改变"正常的"大脑连接与功能。

这引出了我获得的第五个重要启示：构建大脑组织结构或某种特征的方式并不是唯一的，也没有所谓的最优方式。多年来，我寻找着在进化过程中，皮层表现型的某些方面能够被改变的方式。例如，皮层场大小的改变方式是什么？皮层连接改变的方式是什么？皮层场的数量以什么样的方式在增加？分子发展研究检查了发育中的新皮层所固有的基因，并且展示了这些基因和基因级联是怎样改变皮层场的大小、位置和连接的。有趣的发现是，相同的组织结构特征也能够被感觉驱动所改变，发育中的有机体便暴露在这类活动中。由于皮层场的大小和连接能够通过不同的机制被改变，因此这意味着在给定的谱系中，我们可以把大脑组织结构的某种表现型归因于它的基因、依赖于活动的机制或它们两者的结合。然而，对于另一种不同的哺乳动物来说，类似的表现型则可能是由其他因素非常不同的组合形成的。

从技术到真理

从个人但科学的角度来说，我所获得的最后一个重要的启示是：不要被琐碎而无意义的事情欺骗，不要过分注重技术，要对“研究计划”保持怀疑的态度。驱动科学的应该是那些从深入分析和探索中发现的问题，而不是受到严格控制的研究计划。不要让这些研究计划决定科学的方向。我同样认识到，要对一些宣传性的口号心存怀疑，比如“脑的十年”“心智的十年”或“意识的十年”。因为发现这些研究不应该有时间限制。难道真有人相信我们能够在 10 年，甚至在 100 年中解决这些复杂的、非线性的现象？有严格时间限制的指令会破坏那些逐渐积累的、看似不重要的发现，这些发现是由那些每天做着重要的、非强制性的研究的科学家获得的。这些基础科学的发现往往是临床转变的基础。

资助重大问题的研究，发展创新性技术当然很有价值，但应该由科学家和科学来决定这个过程。很多时候，在治疗或预防疾病上取得巨大进步或发现生物学重要基本原则的是人，而不是受到严格控制的研究计划。这样的例子包括：乔纳斯·索尔克（Jonas Salk）发现了脊髓灰质炎疫苗；圣地亚哥·拉蒙－卡哈尔发现了神经元的解剖结构，清晰地表述了神经元学说；达尔文的发现通向了自然选择的进化理论，如今这个理论是所有生物学的基础。

大脑的未来

当然，我在职业生涯中获得的大多数启示已经被在我之前的神经科学家们记述过。但是这种个人化的总结影响了我自己的科学研究，让我的思想进化了，当然，我认为这对于神经科学家未来应该把精力放在什么地方，也产生了很大影响。

首先，我认为揭示多个组织层次之间的关系非常重要，这些组织层次包括基因、神经元、大脑皮层图谱和行为。这要求科学工作者走出个人的研究舒适区，探索比我们自己所研究的更大和更小的组织层次。我们对物种差异的研究一定要超越比较基因组学，超越复杂的现象，比如为语言、孤独症或精神分裂症寻求简单的遗传解释。我们对遗传学充满了热情，似乎常常在回避系统神经科学、认知神经科学、社会科学和整个动物生理学，过早地局限了搜索的范围，不现实地寄希望于发现基因与复杂行为的直接关系。正如前文提到的，环境非常重要，从人类大脑组织结构和功能的角度来看，文化在塑造人类大脑和现代人类行为上发挥着关键作用。

鉴于社会文化背景对人类大脑的组织结构和功能具有重要作用，因此为了预测大脑未来的进化，我们便需要预测社会、经济和技术会有什么改变。我们还需要思考环境的物质改变，比如全球温度、我们的食物类型、对饮用水的化学处理、旅行方式的改变，从传统工具到自动化工具的转变，以及需要独特的手指运动的技能，所有这些都可能影响我们未来的身体形态、生理状况和新陈代谢。总之，你不能孤立地预测未来大脑的组织结构，而必须考虑大脑发展所处的多层次的环境背景。

话虽如此，但我认为对大脑进化历史的了解确实为理解大脑未来可能发生的改变类型提供了帮助。在某种程度上，新皮层的进化可以被看成一系列正在逐渐减少的选择。遗传的偶然性和不定向性就像物理学定律一样，对大脑的发展设置了令人敬畏的限制，而且比较研究证明，进化过程中新皮层发生的改变类型很有限。虽然没有人能准确预测出 100 万年后的人类进化会产生什么样的表现型，但我们可以推测人类大脑可能发生的改变类型，以及不可能发生什么样的改变。我们还可以很有信心地预测，产生复杂行为的具体解剖结构和生理改变将源于基因的改变，这些改变与身体、大脑和行为的改变共同发生，但这些特征始终与文化的发展有关，并且将通过表观遗传机制显现并保持下去。

最后，在我所获得的所有启示中，最重要的启示或许是：我欣喜地意识到，我真正知道的是多么少，而有待探索的是何其多。

17 基因组的启示

亚瑟·卡普兰（Arthur Caplan）

组约大学朗格尼医学中心的生物伦理学教授，也是医学伦理中心的创始主任

内森·孔兹勒（Nathan Kunzler）合著

两个重要的大脑项目

受到人类基因组图谱的启发，研究者正在参与两个重要的项目以绘制人类大脑全景图，以增进我们对大脑的了解。这两个重要的项目分别是大脑计划和人类大脑工程。大脑计划是通过发展创新性神经技术进行大脑研究，而欧洲共同体的人类大脑工程则是每个项目的投资预计都会达到 10 亿美元，且为期 10 年。

在最初宣布大脑计划时，它便与人类基因组工程相提并论。美国白宫发言人说，这个计划有望给我们带来许多实际的应用，包括“发现治疗、预防和治愈诸如阿尔茨海默病、精神分裂症、孤独症、癫痫和创伤性大脑损伤等疾病的新方法”。

20 年前，诸如此类的承诺使政府在绘制人类基因组图谱上投入了大量资金。我们在人类基因组上的经验对描绘大脑的项目有什么实际的和伦理上的启发呢？

大脑计划提出会为研究者提供资金，以开发下一代的技术，目的是描绘出大脑中每个神经元的活动。大脑计划旨在开发出能够以很高的时间分辨率和空间分辨率来监控大量神经元活动的技术。刚开始会在动物模型上进行开发研究，比如以苍蝇、鱼和小鼠为研究对象，但最终目的是应用于人类身上，推动大脑运作过程的研究，使我们能够更准确地研究从思想、记忆到阿尔茨海默病和创伤后应激障碍等疾病的大脑发展过程。合作者包括全美国神经科学界的领军者。计划有近一半的启动资金来自美国国防部高级研究计划局，他们目前的兴趣似乎是直接的大脑模拟技术。这意味着很多钱会被投入这个着眼军事用途的计划，其中包括各种形式的大脑创伤模拟技术，改善或恢复心智功能、修改记忆、连接大脑的假肢，以及加速与战争有关的脑损伤研究。

欧盟的人类大脑工程希望获得有关人类大脑功能的发现，从而推进神经科学研究。不过，它采取的方法有所不同。人类大脑工程的目的是通过创新性的信息学和其他创造功能性大脑模拟的方式，整合不同的神经科学研究领域。他们希望能够形成并检验有关大脑健康与病理的功能模拟理论。人类大脑工程没有像大脑计划那样明确地涉及疗法和治愈作用。

尽管存在差异，但这两个项目能够互相补充。对大脑中的神经元逐一进行时间与空间上的描绘，当然，这也会有助于创造人类大脑的功能性模拟。与之类似，使用动态模型处理从模拟中收集来的信息，可能是创造统一的神经科学基础的关键，这个基础引领着未来的研究方向。但是其中也存在着挑战，尤其是在考虑使用新技术研究人类大脑时。与模型系统相反，思考基因组项目的历史会很有启发性，能够让我们更好地理解这些挑战。

绘制人类基因组图谱的挑战

人类基因组项目的第一笔官方资助源于 1987 年时任美国总统的罗纳德·里根提交给美国国会的预算计划。之后国会批准了这个项目，该项目预计用 15 年的时间完成。

1990 年，美国能源部和美国国家卫生研究院这两个主要的资助机构签署了备忘录，以协调它们各自的研究方向。

一部分因为美国当时的政治气候，大家倾向于对大规模项目采取私人化的解决方案，因此大家对私人资助的项目比对人类基因组项目更有兴趣。很多人认为，致力于绘制人类基因组图谱的私人公司会找到更有效、价格更实惠的人类基因组测序方法。有些人认为，人类基因组项目更适合私人企业，应该把政府资金用于更基础的研究。成立于 1998 年的塞雷拉基因组公司（Celera Genomics）与珀金埃尔默公司（Perkin Elmer）合作进行绘制人类基因组图谱的工作，并从研究成果中获利。塞雷拉基因组公司很快成为公共资金资助项目的主要竞争者。塞雷拉公司宣称，他们能够用更少的预算，以更快的速度实现与人类基因组项目相同的目标。

投资者相信塞雷拉公司能够取得成功。2000 年，总部位于马里兰州罗克维尔市的塞雷拉基因组公司宣布他们已经测定出 90% 的基因位置时，公司股价飙升。一开始该公司每股售价为 25 美元，后来上涨到每股 200 美元，公司的市值一度曾达到 55 亿美元。公司从销售基因组序列信息中获得的收入在 2002 年 6 月达到了峰值 1.21 亿美元。

由此产生的问题是：谁拥有基因组中所包含的信息呢？许多人认为，基因组的信息应该向大众公开。最初，公共团体和私人团体曾达成了分享数据的协议。但当塞雷拉基因组公司拒绝将数据存入公共数据库 GenBank 时，这项协议破产了。这就导致私人项目可以使用公共项目的人类基因组数据，但公共项目得不到商业化私人项目收集的数据，且没有法律支持数据分享的对称性。

与此同时，公共项目与私人项目具有不同的目标。公共资助的团体想要让人类基因组信息向全球所有科学工作者免费开放，希望他们能够利用这些信息推进科学和医学各个领域的研究。私人资助团体中的研究者可能也希望分享信息，但塞雷拉基因组公司一开始就强调自己对研究成果的所有权，他们申请了数百个专利。塞雷拉基因组公司是私人投资者支持的商业化实体，投资者渴望他们的投资能获得回报。在较早的时候，分享数据的观点在公司中就没有得到支持。只有当事实明确地显示，低分辨率的人类基因组图谱没有什么商业价值时，公司才开始将图谱免费提供给公众使用。

绘制大脑图谱的经验教训

人类大脑的生物学信息具有巨大的价值，无论是最初绘制的低分辨率大脑图谱，还是后来随着获得了有关个体大脑变化的精确信息后而细化的图谱。高分辨率的人类基因组图谱在个人化诊断或治疗上具有巨大的价值，包括创造靶向药物。我们可以从绘制基因组图谱中汲取的一个重要经验是：前期获得的低分辨率图谱对进一步发展微小个体差异的详细图谱非常重要。不只是最初低分辨率的大脑图谱，除非所有数据都能够被公开并免费获取，否则就像在基因组项目中一样，商业利益和商业动机会左右大脑知识的获取进程。虽然绘制大脑图谱一开始是政府资助的公共项目，但这并不意味着私人实体不会进入这个竞技场，与公共项目进行竞争。

尽管绘制大脑图谱的尝试最初是由公共资金资助的，但如何对信息进行微调的问题值得我们探讨。微调后的信息可以被用于确定个体大脑中的风险因素或出现的疾病状态。这需要将遗传数据库、医疗档案和健康数据库联系起来。什么规则支配着个体大脑详细的扫描数据或图谱的分享呢？如果主体的信息没有得到 100% 的保护，那么在主体未表示同意的情况下，是否可以将大脑扫描数据与基因组数据联系起来呢？

什么样的大脑数据可以被授予专利权呢？由私人公司发起的有关 BRCA

基因组信息的专利之战说明，如果这些问题没有被较早地意识到并被解决，那么可能发生的情况不可预估。避免神经科学的发展陷入商业化与所有权的争执中是非常重要的。

设想有这样一家公司，它承诺为客户提供思想信息服务，并且能够预测他们有可能罹患的大脑疾病。如今在基因组领域内有许多这样的公司，有些是合法的，有些不太合法。有些公司很庞大，而且能够盈利，比如deCODE公司和23andMe公司。有些公司很小，它们常常声称自己与基因组科学有关。基于来自大脑图谱项目和相关研究的不完备信息，我们可以预测，新的“大脑诊断法”“真相评估”和“大脑侦探公司”会开始通过网络或其他渠道迅速增加。他们声称自己能引领神经营销学，但没有什么证据能够支撑他们的言论，可见在不久的将来，“真相”分析会是怎样的局面。

这些公司只需要某种形式的“扫描仪”、多疑的“老公或老婆”、小心谨慎的“雇主”，以及大量的“花招和哄骗”，他们号称新的大脑知识能够发现出轨、不忠、不快乐或者偷窃的潜质。如果对使用新的大脑知识或相关的广告不加控制，那么有关大脑图谱的项目会产生许多负面影响。不仅会有关于如何诊断和治疗疾病的虚假宣传，以及为获取这类政府研究应该支付多少钱的衍生信息，还会产生大量的庸医、江湖骗子、暴发户和讼棍，他们急于利用不完备或粗略的大脑数据，把它们卖给那些相信“真相机器”的人，相信通过某种窗口便能够洞察隐藏得很深的想法和令人恐惧的人，相信通过设备能够剔除潜在的玩忽职守者，发现家庭、职场或监狱中行为不端的人。

人类基因组的事业没有预料到会出现这些放肆的商业炒作。我们有理由为大脑知识发展的附带结果做出更好的准备。

最佳的资金来源在哪里

正如我们在人类基因组项目中看到的，各种类型的资助具有各自不同的优势。很多人认为，公共资金或政府资金的投入能够使科学家获得学术上的自由，这样便能向着他们认为最有前途的方向前进。但是这种想法未免太天真了。美国国防部高级研究计划局对美国大脑计划的大额投资必然使这个项目承受压力，它需要证明自己的研究有助于国家安全，能应用在军事上，并且有助于诊断在战争中受伤或在役军人的大脑障碍和大脑损伤。美国国防部高级研究计划局赞助的这个项目似乎没有承诺会向社会公开其收集的数据。他们的赞助可能会引诱大脑科学家在预算紧张的时候急切地想获得拨款，但更重要的是，我们应该意识到美国国防部高级研究计划局的目标不总是与美国国家卫生研究院和美国国家科学基金会（NSF）的价值观相重叠。

当诸如绘制大脑图谱的研究得到私人基金资助，甚至得到基金会的拨款时，它们都要承受按资助者希望的方向发展的压力。来自阿尔茨海默病基金会的拨款可能会将大脑图谱与更好地了解阿尔茨海默病联系起来。私人基金同样存在相同的状况。对于研究者来说，它们可能是宝贵的资金来源，但也会伴随着在研究中寻找商业化用途的压力。

基金会和私人基金并非没有优点。它们能够带来更高效、价格更实惠的技术。在人类基因组项目实施期间，这一点常常成为它们与公共团体之间竞争的辩护理由。实际上，公共团体和私人团体在绘制基因组图谱上的竞争，并没有为科学工作者带来令人欣慰的更高效、价格更实惠的技术。然而，如果大脑研究项目部分或全部通过与私人基金的合作来获得资金，从而变得效率更高并能够迅速被转化应用，那么我们一定要明白科学家并不习惯与大公司，比如通用公司、美敦力公司、西门子公司、强生公司、谷歌公司等合作。因此他们一定会反感从所有权角度对他们提出要求，并以此作为投资的筹码。大型基金会提出的要求还会与那些希望尽快公开数据、将所有原始数据放到公共数据库中的科学家的愿望相违背。

我们成功了吗？什么才能算作进步

我们从人类基因组计划中获得的其他经验教训同样值得关注。对于取得怎样的结果可以算作成功，互相竞争的项目之间无法达成一致意见，而且他们对于谁的基因组绘制图谱可以被作为模板也意见不统一。它们常常公开争论取得什么成果才是有所进步，一方面要着眼于哪方获得公关优势，另一方面也可以让公众了解正在发生的事，以及可能付出的严重代价。

在应该绘制的内容上他们也达不成一致意见。例如，在人类基因组项目启动之初，科学家普遍认为非编码的 DNA 是“垃圾”，不需要被纳入已经完成的图谱中。一开始参与绘制的许多人说，不需要绘制非编码 DNA 的图谱。但是几年后，研究者开始意识到非编码 DNA 具有重要的调节作用，它们控制着表观遗传的很多过程。

至于人类大脑，我们应该描绘些什么？应该绘制大脑中的神经连接，形成所谓的人类连接组图谱吗？一个成功的绘制是否应该将占人类大脑细胞 90% 的胶质物质包括进来？鉴于我们曾经没有把“垃圾”DNA 作为人类基因组的一部分，因此这是一个特别重要的问题。越来越多的证据证明了多年来神经科学界支持的这种观点：胶质细胞不单是神经元的“支持者”，还可能参与了大脑过程。

正如有些人认为的那样，建立基因组图谱并不足以代表我们已经绘制出了大脑的图谱。我们还需要开发一些技术，能够对大脑进行动态的成像，以很高的时间分辨率、空间分辨率看到哪类细胞或细胞群体在放电，这样才能说我们实现了大脑图谱的绘制。

然而，什么样的分辨率才是足够的呢？从空间上说，科学家是应该试图观察单个神经元或 5 个神经元组成的群体，还是 1 毫米的脑区？那么在时间上呢，我们是否需要观察每秒钟、每毫秒，或者每个被激发的动作电位？这些问题无疑会引发科学家之间更多的争论，但他们应该现在开始解决这些问题。如果科学家不能在描绘大脑意味着什么、需要怎样的分辨率上达成一致意见，那么在最终应该做些什么上就不会非常明确，就像在绘制人类基因组图谱中发生的情况一样。有关荣誉、所有权、错误和应用性承诺的履行情况及冲突，最终都取决于大家共同的目标。同样重要的是，科学家清楚地知道什么是终点很重要，研究过程中的里程碑具有重要意义，并且将决定公共支持与资金投资的方向。

图谱的实用价值

20 多年前，人类基因组项目的资助者预期基因组的排序和图谱技术会将我们引向玫瑰色的未来，到那时我们可以免于所有的遗传疾病，拥有更健康、更幸福、更长寿的生活。在宣布人类基因组测序工作圆满结束时，时任美国总统的比尔·克林顿说："这将给大多数人类疾病的诊断、预防和治疗带来革命性的改变。"

虽然基因组技术有可能实现这些目标，但我们应该意识到，大多数人类疾病在预防与治疗上取得进步仍需要几十年的时间。即使在 2000 年，基因组项目宣布完成的 15 年后，医学界也才刚刚使用这些技术来进行人类疾病的诊断与治疗。美国公众、国会或其他资助者可能会觉得科学并没有履行以绘制图谱为名义而做出的承诺，或者认为项目宣告的时间期限过于乐观。

任何寻求大量公共资金支持的大型项目都有面临相同问题的风险，比如在俄罗斯的索契市建设奥林匹克运动会场地，或者建立核聚变的托卡马克装置。对于需要投资几十亿美元的科学项目，为了取得公众的支持，它需要让谨慎的国会、公众和媒体相信，如果能够获得足够的资金，它将使人类社会发展取得奇迹般的进步。这类项目需要合理的可实现目标，而不是科幻似的承诺。为了不让纳税人失望，我们应该警惕为了保证获得资金而做出过度承诺的倾向。绘制出小鼠大脑的图谱并不比绘制小鼠的基因组图谱更能带来治愈的希望。

绘制谁的大脑或基因组图谱

在宣布人类基因组项目的时候，大家花费了大量时间讨论应该绘制谁的基因组图谱，以及这个决定会带来什么结果。由于这个项目的数据会对公众免费开放，因此同意研究者对其基因组进行测序的人必须清楚，他们的遗传信息会被所有人看到。他们将没有遗传隐私。

最后，项目决定对几个志愿者的基因组进行测序，并且会经过严格的知情同意程序。人类基因组项目通过签订协议确保能够使用来自几位志愿者的DNA，并且对提取DNA的血液样本进行了去识别化处理，这样研究者便不知道它们来自谁了。此外，招募的志愿者比需要测序的人数多，这样就没有一位志愿者能够确定地知道自己的DNA是否参与了项目。虽然这种方法可以有效地避免有关基因组测序的伦理难题，但在绘制大脑图谱时情况并不这么简单。

出于科学上的原因，绘制谁的大脑图谱依然是一个核心问题。虽然每年都有数百万人的大脑出于诊断或研究的原因而被绘制，但在某个时刻，我们必须决定用谁的大脑作为标准大脑图谱的蓝本。我们是否应该把患有心理疾病的人的数据纳入进来？有发展性缺陷的大脑是否应该是数据池的一部分？大脑疾病患者的大脑是否应该被作为“正常的”或“典型的”人类大脑的一部分，如果不应该，那么为什么？最好的方法似乎是使用一群可以代表普通大众的被试。这为科学提供了掌握所有重要信息的最佳机会。正如人类基因组工程发现的，选择可识别的单一个体的大脑还可以减少伦理上的麻烦。

然而，这种方法也可能不管用。我们不知道每个人的大脑连接存在怎样的差异，不知道在动态大脑图像中会遇到什么样的变化。这种可变性会让我们不可能对所收集的数据进行共享和去识别化。如果大脑的可变性会造成大脑选择的问题，那么我们应该对这些存在巨大争议的问题进行公开探讨和辩论。

转化大脑的新知识并不容易

对于最早从低分辨率的人类基因组图谱中获得的发现，人们不乏热情。媒体上突然出现了大量关于“基因分析仪”将很快出现在每位医生的办公室里的报道。网络上也充斥着很多谣言和无稽之谈，比如可以预测儿童运动能力的基因检测，适合个人基因组的最佳饮食，血统检测，甚至通过 DNA 分析、识别出最理想的恋爱对象等。到目前为止，大脑图谱还没有帮助大家实现这些想法。我们如何防止由大脑知识引发的这类天花乱坠的宣传、混乱且不正当的应用和误解呢？

一些基本概念已经引起了公众相当大的困惑。想一想脑死亡的概念吧，它意味着所有大脑功能发生了不可逆的丧失。再回忆一下发生在 2013 年 12 月 12 日 13 岁女孩贾西·麦克马思（Jahi McMath）的死亡案例。父母带她去奥克兰儿童医院（Oakland Children's Hospital）做切除扁桃体的手术，以治疗其睡觉时呼吸暂停的症状。结果发生了悲剧，她发生了大出血，心脏衰竭，大脑中也出了很多血。非常不幸，发生这些状况后，神经内科的专家发现贾西的大脑已经没有了活动的迹象。非贾西主治医生的独立专家对其大脑进行了标准的扫描和测试，以评估大脑活动，他们得出了非常确定的结论：贾西已经脑死亡了。

然而几个月后，这个女孩在一家机构继续使用着呼吸机，并通过管子接受食物，因为其父母拒绝接受她脑死亡的事实。与那些处于昏迷或永久性植物状态的人不同，佛罗里达州一位名叫特丽·夏沃（Terri Schiavo）的女性，她的父母和她的丈夫进行抗争，希望维持女儿的生命，但没有成功。又比如前以色列总理阿里埃勒·沙龙（Ariel Sharon），他的家人让他在昏迷状态中活了 8 年。没人能从脑死亡中恢复过来，脑死亡就是死亡，因为大脑不再支持任何重要的生命功能了。当然，没有父母愿意接受女儿死亡的事实，同时由于公众总是将脑死亡与昏迷或植物状态相混淆，因此贾西一家得到了来自其他家庭和媒体的大量支持。确实，美国和其他国家的重症监护病房有时会根据家属的意愿，对被宣布脑死亡的人继续提供人工生命维持系统，因为这些家人不能或不想理解脑死亡。

脑死亡是一个普遍被误解的概念。大脑图谱同样很可能被误解，除非我们始终非常小心地解释这个概念。

从更广泛的意义上说，如果基因组的研究给予了我们什么启示的话，那就是描绘生命现象的工作，无论是基因组还是大脑，都承担着巨大的社会责任。绘制大脑图谱的努力不仅关系到收集信息、探讨应用信息的方式，科学家还必须揭穿夸大的宣传，消除毫无根据的恐惧，还必须预先想到这些研究会以什么方式被人利用或被用来欺骗公众，因为有些别有用心的人早已准备打着来自大脑图谱、大脑研究和大脑扫描的旗号来做点什么。

18 计算脑

盖瑞·马库斯（Gary Marcus）
组约大学心理学及神经科学教授，畅销书作家和企业家，本书编者

如今的神经科学是事实的汇集，而不是观点的汇集，可问题在于我们无法把众多事实联系起来。我们大致知道神经元的工作，它们彼此间进行通信，但不知道它们在交流什么。我们知道单个神经元中许多分子的特性，以及它们的行为。通过神经解剖学，我们知道在整个新皮层中存在很多重复的结构，但我们几乎不知道这些结构有什么作用，或者它们如何协同工作来支持现实世界的复杂行为。事实是，对于大脑如何完成了所有这些最基本的事情，我们依然一头雾水，不知道它的各个部分如何匹配到了一起。

在我看来，研究受到的阻碍，一部分是来自大脑不是计算机这个论点；另一部分是因为绝对服从一个观点，即大量根据知觉性质而做出调整的低层次“特征检测器”正逐渐向更高层级、更抽象的要素渗透，这个观点算是迄今为止神经科学领域中真正的好观点。本章中将提出，对神经科学来说，摆脱这两种观点的束缚是非常重要的。

大脑是不是计算机

对于大脑是不是计算机的讨论，最大的直接挑战可能来自并行分布式加工或“神经网络”。这种研究方法始于20世纪80年代中期，主导认知科学近20年。并行分布式加工之所以能占据主导地位，一部分是因为它第一个取代了当时占主导地位的理解智能的范式。即使在20世纪80年代，头脑像计算机的比喻似乎也是过时的。有效的老式人工智能本身模仿的就是计算机程序，当20世纪80年代神经网络开始盛行时，它似乎走上了末路。很多人把神经网络的兴起称为“范式转变”。在接下来的20年里，人们明显地感受到了变革已经来临。

就像心理学的许多流派一样，比如弗洛伊德的心理动力学和斯金纳的行为主义，神经网络的理论开始衰退，从未实现从玩闹似的概念发展到大脑或心智的现实模型。20世纪90年代，各类期刊和会议中充斥着各种例证，证明我们有可能在任意多个领域中捕捉到简单的认知与语言现象。但是正如史蒂芬·平克和我所证明的，细节很少具有实证上的正确性。不仅如此，没人能将神经网络转化为理解语言的功能系统。如今，神经系统最终在机器学习中体现出了价值，尤其在语言识别和图像分类中，这一部分是因为杰夫·欣顿（Geoff Hinton）和燕乐存（Yann LeCun）等研究者创新性的工作。然而，神经网络作为心智和大脑模型的功用依然很小，或许它在低层次感知的一些方面是有帮助的，但在表达更加复杂、更高层次的认知上作用有限。

如果大脑本身是一个神经网络，那么神经网络的范围为什么如此有限呢？原因一定在于神经网络的定义。尽管大脑显然是某种神经网络，但它比20世纪90年代人们为之激动的那种神经网络复杂得多。这类网络包括简单的输入单元、输出单元和隐藏单元阵列。这种方法叫监督式学习，即通过逐渐调整权重，根据某些已知的模式来训练神经网络。这样经过一段时间后，错误会减少，任何有限集合的实例最终都会被记住。

这种网络还远远不能被当作计算机。它们没有模拟计算机程序的指令，也没有模拟最终产生计算机编码行的变量。回想起来，并行分布式加工距离这类事情太远了，强调大脑的并行性是对的，但把计算“宝宝”和串行“洗澡水”一起倒掉是错误的。

如今的“神经网络”模型已经变得更加复杂了，不过只是在有限的方面。它们具有更多的层次和更好的学习算法，但依然太非结构化了。深度学习技术提供了有关非监督系统如何形成一些类别的创新性观点，但对于更高层的认知，比如语言、计划和抽象推理，它依然没有提供什么新的发现。如果不能相信人类认知的本质是在存储着程序的串行计算机中进行着一步接一步的连续计算，那么也没有理由抛弃计算本身。实际上，如果允许我做出大胆的声明，那么我不认为：如果搞不懂大脑在进行什么类型的计算，我们便搞不懂大脑。

大脑是随机性的吗

神经网络运动的最大错误之一，就是假定大脑一开始是随机组织的，完全受到体验的调节，它最初没有任何系统性。实际上，我们完全有理由相信，胚胎发育的生物过程能够形成错综复杂的大脑图谱的草稿。即使在没有人生体验的情况下，我们也完全有理由相信，细致的回路结构对神经系统的发育至关重要。举一个很有说服力的例子，思考一下诺贝尔奖获得者托马斯·苏德霍夫（Thomas C. Südhof）实施的研究，他以研究突触传递著名。作为研究的一部分，苏德霍夫培养出了了不起的小鼠。通过遗传手段，这些小鼠的跨突触神经递质分泌被停止，因此其大脑的大部分内在通信被关闭，小鼠丧失了很多学习能力。如果大脑最初的结构是根据体验而组织起来的，那么可想而知，这些小鼠在出生时便具有随机性的大脑。与之相反，到出生时，突触之间静默的小鼠胚胎所发育形成的大脑看起来或多或少是正常的，它们具有预期中的褶皱、脑回、不同的细胞类型，以及规则的组织结构。之后心理学家佐尔坦·莫尔纳（Zoltan Molnár）、行为学家乔治·瓦洛蒂加拉（Giorgio Vallortigara）和露西娅·雷戈林（Lucia Regolin）的研究指向了相同的方向：大脑的很多基本组织结构在有体验之前便形成了。体验会对它们进行调整、校准、重新塑造、重新布线，但这只是整个大脑发育过程的一半。

与大脑最初具有随机性的奇怪假设并驾齐驱的观点是极度简化，比如从生物学中提取出的某些模型，极度简化的观点坚持大脑仅由一种神经元组成，而且几乎是不变的。现在我们知道神经元具有几百种不同的类型，正是各种细节，比如突触位于什么位置，什么种类的神经元在哪儿相互连接造成了巨大的影响。仅仅在视网膜中就大约有 20 种不同的神经节细胞，因此认为我们能充分地捕捉到某种神经元中在发生什么的观点，显然是荒谬可笑的。在整个大脑中有几百种或许上千种不同类型的神经元，如果每种神经元本质上在做相同的事情，那么进化应该不会保持这种多样性。

大脑是怎样处理信息的

当然，我们有很多理由认为大脑主要进行的是并行操作。单个神经元的速度太慢，无法使大脑严格按照冯·诺伊曼模型的串行方式运作，而且有大量证据显示，在任何给定的实验室任务中，很多不同的脑区会同时参与进来。即使当我们没有从事特定任务时，也就是处于所谓的默认或静息状态时，许多不同的神经回路也在同时发挥作用。但这并不能妨碍一些人持有大脑是某种计算机的观点。计算机常被描述为一成不变的串行设备，但事实是，在过去 25 年里，由于个人计算机变得越来越普遍，计算机也具有了某种程度的并行性，比如输入 - 输出控制器与中央处理单元一起工作。到 20 世纪 90 年代图形处理器开始变得流行起来，它接管了大部分计算机展示图像的任务，而中央处理器被解放出来，用于处理程序的主要逻辑。很重要的是，图形处理器本身就是计算机，但它们是具有特定任务的计算机，它们的任务本质上就是矩阵算法，而且几乎完全是并行操作。后来多核处理器开始变得普及。从合理的标准来看，现代计算机以及智能手机都属于并行性计算机，它们对信息进行系统化操纵的系统，根本不是严格意义上的冯·诺伊曼模型，因为冯·诺伊曼模型只会以完全连续的方式执行单一的程序。因为计算机不是并行的，就认为大脑不可能是计算机的观点已经陷入了困境，因为30年前大家对计算机的那种看法已经过时了。

图形处理器和中央处理器的共同点在于，它们都以一套基本的指令，比如加法、减法和乘法为中心，以代数的方式运行。进行这些操作能够检查存储在一组寄存器中的任意值。例如，图形处理器中的一种模式化过程会同时让图形中每个像素以固定的量变暗。典型的串行计算机可能会一个像素一个像素地或者一个字节一个字节地完成相同的过程，但最终结果是一样的。一旦我们意识到图形处理器能够做什么，意识到图形处理器是另一种计算机，那么大脑不是计算机的观念便站不住脚了。例如，视觉系统中的很多通路看似进行着视觉场景表征的转化，比如它会在场景中的平行边缘上提取信息。诸如ASIC码这类专门针对特定任务，比如进行比特币采矿的数字设计显示程序是可选的，而且当其达到特定限制时，很多程序会被下载到存储器中并被按序执行，这些程序可以被转化为并行回路，在没有存储程序的情况下运行。

在我看来，如果计算机能够运行输入信息，并系统化地操纵信息，那么大脑，尤其是脊椎动物的大脑显然就是计算机。大脑不是纯粹的计算机，它与计算机的存储器运作原理可能不同，而且它们对所编码的信息会进行不同种类的操作，但它们都编码信息。例如，通过将输入转换成化学信号和电信号的形式，它们会对被编码的信息进行操作，用产生的输出做出行为，比如指导运动行为、更新内部表征。简而言之，计算机是系统化的架构，它接收输入，编码并操纵信息，将输入转化为输出。据我们目前所知，大脑正是这样工作的。

真正的问题不在于大脑是不是信息处理器，而在于大脑是如何存储并编码信息的，它们对编码后的信息进行了什么操作。在我看来，神经科学的使命应该是大脑的反向工程，就像尝试反向设计图形处理器一样。对图形处理器的研究最终揭示出了它的基本要素是晶体管，这些晶体管被组织起来执行相对少量的“指令”，比如照亮图像或呈现一个多边形。更加复杂的计算过程是这些指令的混合。在对大脑的研究中，我们认识到神经元类似于晶体管，但对于单个神经元的操作，比如它们如何编码信息，尤其是它们如何操纵信息，我们知之甚少。对于计算机，我们知道在回路层面上信息是如何被操纵的，晶体管被组合成了回路的基本模式，创造出基本的逻辑操作，比如“和”“或”“否”。同样，了解回路层面上神经计算的基本逻辑操作，也是破解大脑工作原理的基础。神经科学家经常互相鼓励严格按照自下而上的方式进行研究，回顾从生理学中获得的已知事实，但很少去关注来自行为和计算上的更抽象暗示。这种情况的典型表现是，有些无知的神经科学家居然说：“数据一开口，理论就走开。”在我看来，这种观点已经阻碍了神经科学的进步。理论应该是不可或缺的，而现在理论已经被边缘化了。理论学家并不总会有所帮助，因为许多理论学家似乎只想证实他们自己的解释是正确的，只有极少数理论学家会比较其他合理的解释。

拥有更多的数据就足以理解大脑的问题了吗？我对此表示怀疑。真正能够解决问题的是，理解大脑如何完成它所做事情的框架，哪怕这种理解只是原则上的。那意味着，首先要搞明白大脑是什么类型的计算机，提出相互竞争的假设，再检验假设，而不应该先收集数据，后提出问题。

如何理解特征检测器

关于哺乳动物所特有的大脑新皮层的最佳假设是，它是一系列层级式的特征检测器，加工的内容从由下而上的感觉信息，到高层次、比较抽象的概念。低层次的检测器感知诸如边缘和曲率等基本要素，这些基本要素被传递给检测复杂刺激，比如检测字母或面孔的节点。这个观点可以追溯到休伯尔和威塞尔的研究成果，在某种程度上，它肯定是正确的。许多神经元专门检测低层次的图像性质，有些神经元处于命令链较高的位置，表征更抽象的存在体，比如面孔，在某种情况下，甚至表征特定的个体。其中最著名的是伊扎克·弗里德（Itzhak Fried）、克里斯托弗·科赫及其合作者研究的个体詹妮弗·安妮斯顿（Jennifer Aniston）。安妮斯顿细胞似乎能够跨知觉模式地做出反应，能够回应书面文字和照片。目前我们还发现，特征检测器的层级在我之前提及的现代神经网络中，在言语识别和图像分类中都具有实际应用。例如，所谓的深度学习便是机器学习在层级式特征检测主题上的成功变体，它采用了很多层的特征检测器。

大脑的某些部分由特征检测器构成，并不意味着整个大脑都是这样。特征检测器并不能捕捉到大脑的某些行为，比如人类就是非常棒的归纳者。在实验室中，我们发现 7 个月大的婴儿能够在根据一种抽象的语法造的句子串中找出规律。我们让婴儿接触一组遵从 ABB 语法的句子，比如“吃果果”，“拉尼尼”，仅仅两分钟他们就找到了其中的规则，并将它推广到了新词语中，他们能够区分出比如“笑哈哈”和“笑笑哈”之间的差别。最近的一项研究用大脑成像复制了这一结果，不过其实验对象是新生儿。这说明，人类检测这类抽象性的能力可能是天生的。特征检测器的层级能够学会对它之前反复看到的事物进行归类，越常看到，归类便会越好，但对于将抽象的推理扩展到新场景中，它还落后于婴儿。

特征的层级性不太适用于诸如语言、推理和高层次计划这样的认知挑战。例如，乔姆斯基曾提出了一个著名的观点，那就是语言中充满了你以前从未见过的句子。纯粹的归类系统不知道如何处理这样的句子。特征检测器的能力可以支持它识别某事物属于哪个类别，但无法转化为对新颖句子的理解，因为每个句子都有独特的意义。

语言的核心机制围绕着一种被称为“变量绑定”的过程进行。简单来说，你会认为英语具有规则，比如句子是由名词短语和动词短语组成的，其中可变的是大写字母，并且可以有无数种填充方式，由此会产生无数种意义。这类规则的妙处在于它具有潜在的无限性，既可以包括“水手爱上了那个姑娘”，也包括“这类规则的妙处在于它包含一个人想说的每一句话，即使这话以前从未被说过”。为了解释乔姆斯基所说的离散无限性，我们需要特征检测器层级以外的东西，特征检测器层级专门对我们以前看到过的事物进行分类，但在解释新事物上比较滞后。为了理解人类认知的神经基础，我们尤其需要搞清楚语言学家所说的语意合成性，也就是大脑使我们能够将较小的组成部分，比如词语合成为较大的可解释的复合物，比如句子，即使这些较大的复合物以前从未出现过。

大脑研究的 6 个挑战

在结束这个具有挑衅性且自以为是的章节之前，我想提出 6 个特定的挑战或问题，它们很棘手但并非不可战胜，在任何一个问题上的进步都会推动这个领域大幅向前发展。

第一，如果大脑不是冯·诺伊曼式存储程序的机器，软件不可以被下载到存储器中并且不遵循一步接一步的方式，那么它又是什么种类的信息处理器？大脑如何在没有主时钟的情况下达到这种协调的程度呢？是否存在一种神经元代数，一套对存储在突触中的任意值可以进行运算的操作呢？或者说，对于那些怀疑大脑不是计算机的人，是否存在其他解释？从人类大脑能够进行代数计算的角度来看，我们是否独一无二？其他哺乳动物或其他脊椎动物能进行类似的操作吗？

第二，尽管在特定的规则应用中人类大脑有时会进行冯·诺伊曼式的计算，比如初学三角函数的学生会根据口头指导做计算，但它进行的大多数计算可能不应该被归为这种方式。在知识和指导不那么明确的情况下，我们使用的是什么计算？什么类型的神经系统能够支持人类认知的多种用途？值得注意的是，我们还未解决大脑是模拟的、数字的，还是两者的混合这个基础问题。大脑可以在语法上运用数字计算，在图像处理的某些方面采用模拟计算。

第三，大脑如何实施变量绑定？一旦变量被绑定，大脑会对它们进行什么类型的操作？变量绑定类似于为了计算代数方程如 $y=x+2$ 时，将 x 设定为 5 的过程。它具有很多层面上的多种实现方式。无论我们在追踪移动的物体还是在把构成要素组合成句子时，变量绑定都非常重要。比如在一个句子中，可变的名词短语必须暂时与特定的词组捆绑在一起。这种暂时的关系是如何建立起来的？存储器的标准解释依赖于在某种条件下的数百次尝试，然而我们在每次理解一个句子的时候都会建立起几十个短期联系。没人知道大脑是如何做到的。

第四，是否像人们常常假设的那样，存在一种标准形式的计算，比如层级式的特征检测，还是像我所认为的那样，存在各种各样的基本操作反复被调用，就像微处理器中的指令？如果是后者，那么这些基本操作是什么？它们在神经系统中是如何被实现的？

第五，大脑使用什么格式来编码信息？计算机用 ASCⅡ编码字母，用 JPEG 和 GIF 编码图像等。大脑会如何编码一个句子、一个词语、一个心理意象、一支乐曲？对于大脑如何编码运动空间中的目标，如何表征欧几里得空间，我们已经有了一些线索，但我们完全不知道大脑的其他表征格式。

第六，为什么在每个分析层次上，大脑都包含了如此丰富的多样性？从人类大脑 100 多个皮层区域，到几百种神经元的类型，再到单个细胞和突触中分子的复杂性，大脑的突出主题不是简单性，而是复杂性。同样非常重要的是，大脑是一个精细灵敏的系统。尽管大脑能够在各种各样的环境中进化，但神经疾病往往与心理疾病有关。如果细胞没有以适当的方式与适当的细胞类型发生联系，那么通常会导致人体产生心理疾病或智力缺陷。大脑中有着数量庞大的细节，这些细节似乎很重要。所有这些细节的作用是什么？什么事情是复杂而多样的大脑能够完成而一个巨大但简单的神经网络却无法完成的？

最后，我要感谢内德·布洛克、杰里米·弗里曼、克里斯托弗·科赫和雅典娜·武卢马诺斯（Athena Vouloumanos）向我提供了非常好的意见。所有不恰当之处都是我个人的责任。

主题 6

重要影响

Implications

人类大脑是宇宙中已知最复杂的系统，即使研究不会马上产生实际的意义，它也值得我们去做。这仅仅三磅重的肉团儿能够实现许多智力上的伟大功绩，能够超越最杰出的计算机，这使得大脑成了一个奇迹。大脑同时也是医学界最后一个伟大的研究目标，我们对它了解得越多，便越能够掌控自己的命运。当我们真正了解大脑时会发生什么呢？

约翰·多诺霍描述了当我们更了解大脑时，会在医学领域中产生的影响，以及人类和机器之间的界线会变得很模糊。凯文·米切尔探讨了治疗精神疾病时的挑战，以及更好地理解遗传会打破对于大脑作用的研究僵局，并带来更有效的治疗方案。米歇尔·马哈比兹描述了未来的技术会让我们最终获得人类的详细神经记录，就像目前只能在非人类动物身上获得的那样。

19 神经技术的应用

约翰·多诺霍（John Donoghue）
布朗大学脑科学研究所创始人兼主任，神经科学系系主任、教授

目前我们还缺乏对大脑运作方式，以及大脑的运作如何产生行为，尤其是人类特有行为的深刻认识。从表面上看，大脑表征并存储了活动模式，然后会通过“神经计算”对它们进行转化，进而产生外显的行为。在极其复杂的神经回路中，神经元的集体行动如何产生了表征和计算是令人难以琢磨的。这种无知还严重制约了我们治疗许多极具破坏力的大脑疾病的能力，比如治疗抑郁症、孤独症、癫痫、精神分裂症或源于神经回路功能受损的瘫痪。由于神经技术的发展，有些疾病很快将会被治愈。

首先，新工具将会给我们提供理解基本原则的新方法，这些基本原则将大脑活动与人类核心的心智功能，比如知觉、认知、情绪和行为联系了起来。新工具也将首次从机械学的角度对人类大脑独一无二的特征做出解释。其次，这些技术将产生新一类的“大脑接口”，它有可能改变临床医生解释和治疗大脑疾病的方式，尤其会为恢复患者已失去的大脑功能提供切实的方法。最后，神经技术的发展最终会挑战我们对人生意义的看法。下面我将逐一探讨神经技术对每个领域的影响。

发现中间地带：新工具、新规则

在复杂大脑回路中协同发挥作用的神经元网络，能够提供诸如情绪、认知或有计划的行为等复杂功能。在探究大量神经元的集体行为如何产生了这

些功能特征的过程中，或许最大的知识鸿沟在于将跨尺度的功能联系起来。在大脑最低的层次，即神经元的功能层次上，我们对单个神经元如何将输入转化为输出具有合理的认识，尽管这种认识还很不彻底。我们拥有包括人类在内的许多物种的各种分辨率的大脑图谱。在最高的层次上，通过功能性磁共振成像这类工具，我们能够直接推断出在产生思想、情绪和行为时，数百万个神经元如何参与了大脑整体的活动。无论是单个细胞还是大脑层面都无法解释中尺度的运作机制，而正是在这里，丰富的神经元互动进而产生了行为。

大脑的运作包括大量在空间上分散的神经元的集体动态，这些神经元处于构造不断改变且高度互联的网络中。中尺度的运作采用将记忆和知觉结合在一起的回路，产生将会被执行的行为计划，比如从输入一句话到表演优美的舞蹈或说出深刻的话语。最终，计划和观点会被保存在记忆中，持续一生。为了提供能够解释大脑网络的集体动态如何产生了行为、认知或情绪的功能图谱，我们需要新工具，它需要将神经元的密集采样与时间上的高分辨率结合起来。不过，应该抽取多大的样本或多少神经元依然是一个尚未解决的重要问题。

微电极、回路示踪器和分子标记等这些现有的工具，为研究者早期获得大脑信息提供了大量基础。我们能够描绘出从知觉到行为的路线，尤其是视觉引导的行为。例如，我们有从哺乳动物的眼睛到丘脑，再到初级视皮层的精确路线图。我们知道这个回路会沿着两条大脑通路延伸，这两条通路分别加工的是：这是什么物体和它在什么地方。通过与额叶的连接，广大的神经元网络能够构想并执行计划，使你伸手去够、去抓握并操纵你所感知到的任何物体，即使你看不到它，它只存在于你的记忆里。

研究单个神经元的科学家已经列出了大脑在每一步对物体各个部分的特征选择。另外，磁共振成像揭示了参与活动的每个脑区的峰值活动。事实上，目前的工具还不足以分析整个网络在中尺度上实施的操作。感知和行为会引发在广泛网络中协同发挥作用的脑区同时被激活。这些网络仅仅通过几个连接，便将几乎每个神经元都彼此联系了起来。有些网络的连接比较多，可能会形成枢纽，而有些网络的连接比较少。连接的疏密对大脑整体功能有怎样的影响，是中尺度上的重要问题之一。在这儿或那儿仅仅增加几个与功能相关的连接便能彻底改变神经元群体的性质，这正是有关小世界网络研究的发现。小世界网络能够解释著名的六度分隔理论或凯文·贝肯（Kevin Bacon）现象。

神经元是独特的处理器。不同于数字网络中全有或全无式晶体管，大脑中的大多数神经元将来自其他数千个神经元的微弱信号汇集在一起。它们通过突触收集这些信息，而突触是神经元之间的连接。来自大量神经元的突触影响在目标神经元上结合在一起，并产生电输出。输出中包含发送信号的短暂脉冲，即动作电位，或者用通俗的话说就是峰电位。信息的传递依靠的是峰电位率的改变。令神经回路变得更加复杂的是，体验能够影响神经元之间的连接，临时改变连接的强度，这种特征被称为神经可塑性。当神经元浸泡在各种神经调节物质的混合物中时，突触影响会被进一步重构。从中尺度上来看，信息的加工就是神经网络中峰电位模式的改变，这些网络包括局部回路和扩展回路。

中尺度神经计算可以被看成这些“网络的网络”中峰电位活动模式的改变。图 19-1 可让我们对大脑回路的复杂性有所了解。互相连接的局部神经元网络被包围在每个颜色较暗的圆中。有些局部网络与其他网络相连接，图中没有显示连接的细节。完整的集合形成了整个网络，我们可以认为它包含着一种心智状态。受到整个集合当前状态影响的输入会“计算”出一种输出模式，从而产生行为。注意，网络中每时每刻的影响都会塑造着输出结果，但它也会受到可塑性的影响，影响可塑性的是每一个连接和每个细胞的生物物理性质。通过记录所有的要素或其中的样本，我们能够探究这一切是如何实现的。这幅图的缺点之一是没有表现出细胞类型的特性、局部和全部连接的细节、相互作用的时间演化性质，以及神经调节递质的影响。新兴的工具将适合测量并操纵神经元集合的活动，将让我们能够检验有关表征和计算性质的假设。目前以单个神经元的分辨率来描绘大量神经元集体动态的工具还不够好，可以说完全没有这样的工具，但它们正在发展。一旦我们能够描绘神经网络的功能了，那么对于检验在行为发展中特定回路发挥的作用来说，我们就需要工具来有选择地操纵神经回路。

我们已经完成了第一步，即证实中尺度记录的有用性。对蠕虫、龙虾等简单生物神经元群体的详细研究，揭示出了小神经回路运作的重要原则。在这些简单生物体内，我们可以研究已清楚界定的回路中的每一个部分。我们现在还无法把这类研究扩大到很多个数量级，以满足描绘哺乳动物高度特化的大脑功能集体动态的需要。但对神经网络有限的抽样暗示我们，这会是一条富有成效的道路。目前我们能够同时记录啮齿类动物、猴子，甚至人类局部皮层网络中几十个神经元的活动模式，它们能够揭示出中尺度的操作，这些操作可以编码在迷宫中作为导航的路径，以及够取目标时伸手的方向。

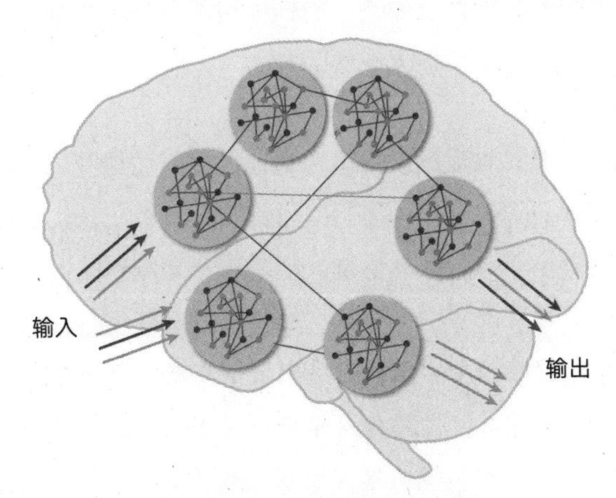

图 19-1　神经网络的网状图示

为了对集体的神经活动模式如何编码行为产生直觉性的认识，我们可以想象一个简单的场景。在这个场景中，在动物从起点抵达终点的过程里，我们记录下运动皮层中两个神经元的峰电位。在运动皮层中，运动命令通过与许多其他大脑结构的相互作用被汇集起来。设想我们看到当动物向左伸手够取的时候，某个神经元的峰电位明显比动物向右伸手够取时更多；而另一个神经元在动物向上伸手够取时峰电位会达到最大，而在动物向下伸手够取时会非常小。现在我们有一个编码方案：第一个神经元受到左右运动的调节，第二个神经元受到上下运动的调节。如果我们对这两个神经元进行观察，发现它们都在以很高的比率产生峰电位，那么我们可以假定动物在向上或向左够取。因此这两个神经元组成的小整体便能够被编码，用以预测动物的行为。

够取的方向源自这个最小网络的联合行为。虽然较大集合的实际活动会复杂得多，但这个基本理论也适用于更高层次。明白神经元群体如何编码这种自然发生的特征，我们便能够对运动皮层如何产生运动命令增添新的认识。这些知识已经被用于制造脑机接口了，其中来自瘫痪者大脑中神经元集合的活动模式编码能够被读取出来，因此他们能够“随意地”控制计算机和机器人。

通过神经活动模式对行为进行重构的技术目前还很不成熟，因为我们只对大量回路中很小的样本进行了研究。目前具有大约 100 个传感器的多电极阵列只能测量很小一部分哺乳动物大脑中有意义的网络。神经元集合在扩大尺度的过程中隐藏了许多层次的信息，包括那些能组合成知觉、认知、动机或情绪的特征，这些知觉、认知、动机或情绪具有更复杂的空间或时间活动模式。只有当数量非常巨大的神经元被长时间记录时，这些特征才会显现出来。想象一下，如果你只随机地观看了电视像素的 1%，观看时间只有一两秒钟，然后你试图理解追车场面。技术障碍限制了我们的以下 3 种能力：①制造出具有神经元级分辨率的传感器，它们能够长时间稳定地记录巨大的神经元集合；②制造能够处理惊人数量信息的处理器；③使用并创造适当的分析工具，它们能够从巨大的神经元集合的活动中提取出意义和活动机制。

大脑新趋势
THE FUTURE OF THE BRAIN

神经技术的进步源自物理学、工程学、合成生物学、统计学、数学及计算机科学的进步，它最终应该能够一举解决所有这些问题。利用纳米制造和精密加工技术，利用更便宜、更小、更快的电子设备，再加上计算处理器的大幅增加，将数据存储与分析工具相结合，以模拟大量神经元的模式，最终我们将能够创造出理解神经网络中中尺度动力学所必需的工具箱，从而将细胞、回路和行为联系起来。

针对感知和模拟回路的神经技术

电学方法和光学方法这两种读取神经元共同活动的方法，已经被证明是很有前景的中尺度工具。要想直接感知峰电位短暂而微弱的电脉冲，我们需要在神经元旁边放置头发那么细的尖头微电极。记录许多神经元的活动需要许多这样的微电极。目前我们已经有可能在皮层中插入多达 100 个微电极的阵列，以研究 50 ～ 100 个神经元的局部集合。然而，进一步增加神经元的数量挑战性很大，因为大量的探针会造成组织损伤，这是研究者不希望出现的情况。另外，获得稳定可靠的持久记录很困难，因为物质会降解，传感器会摇动。从数百个电极上读取信号需要体积庞大，且有很多插头和电线的电子设备，这样的设备容易发生故障。这就是需要工程学大展神威的地方。幸亏有纳米制造和精密加工这样的技术，现在我们已经有可能制造出不仅能在尖端上进行记录，而且能在电极杆的数百个点上进行记录的电极了。而且，它们更小更灵活。

具有巨大处理能力的电子设备可以缩小到火柴盒那么大，它们可以被植入到皮肤的下面。多亏我们在无线传输技术上取得的进步，惊人数量的数据才能够利用无线电或光，从这些植入设备中被传输到体外。虽然我们还没有利用最近的这些技术进步成功地对几千个神经元进行可靠的电记录，但这项工作正在进行中，而且很可能会成功。合成生物学、电子学和纳米制造方面的进步正在迸发出各种各样富有创造力的解决方法。记录范围更广，或许损伤更小的一种记录方法是制作完整的一套电极，它们具有整合的电子线路和传输装置，像灰尘颗粒一样小，因此可以将数千个这样的电极放置在大脑中。当然，即使这种制造技术是有可能实现的，我们依然不清楚大脑对这些外来物会有怎样的反应，也不清楚我们是否能保护它们或给它们提供动力。

光学方法是直接记录电活动的另一种选择。基因编码的指示器能够使大量神经元，通过发射光间接地报告它们的电活动（见主题 1 中的第 2 章）。我们能够通过安装在自由活动的动物身体表面的、非穿透性的传感器检测到这些光信号。我们已经获得了斑马鱼幼体成千上万个神经元的光记录，这种技术只限用于小型哺乳动物。然而，目前的方法仍然具有时间和空间上的局限。大脑表面的观察范围仅限于几平方毫米，而且观察深度达不到 2 毫米的皮层厚度。即使这种受限的观察也要在颅骨上打个洞，想要探查更深的结构便需要将探针插入大脑中。目前发光标记物还跟不上峰电位的速度，或者说它们会干扰细胞的功能。诸如病毒这样能够发出光报告的系统具有非常好的选择性，但不太可靠。幸好，有一些充满活力与前景的计划正在试图克服所有这些障碍，包括制造新的足够小的显微镜，可以戴在小鼠头上；新的光学仪器能够更深入地观察大脑内部并更快地读取记录。

与此同时，电学方法和光学方法也被用于操纵神经回路。为了建立回路功能与行为之间的因果关系，我们需要具有在功能回路的某些点上进行干预的能力，而不只是观察它。电刺激其实是探查神经回路功能的一种非常古老的方法。150 多年前，人们就检验过运动皮层与运动之间的关系，方法是用巨大的电极电击大脑表面，引起肌肉痉挛。如今微电极被插入回路中，这样便能够进行更准确的电刺激，在一些关键点上增加信号或削弱信号。然而，即使非常聚焦的电刺激依然缺乏精确性，因为电脉冲所影响的神经过程几乎与大脑中的每个部分都有牵连。相比之下，光遗传学方法提供了前所未有的选择，它能够打开或关闭细胞，这样实验者所选择的神经网络在行为中的作用便能得到直接的检验。研究者利用光遗传学方法能够更有选择性地操纵回路中的每个要素，但它仍有自身的缺点。因此，基于电学方法和光学方法的神经技术能够提供确实的中间层数据和关键信息，将神经元与行为联系起来。

将神经技术作为临床工具

基础研究所引发的神经技术进步还将产生全新的诊断、治疗和恢复工具。重要的一点是，利用相同工具获得的知识将进一步推动临床应用。理解神经回路功能的原理将让我们能够更好地补足缺失的时间、空间活动模式，它们能够被用于替代丧失的感觉，或者被用于调节失常的大脑回路。能够更好地读取隐藏在神经活动模式中的信息的工具，可能揭示失常的神经回路功能的属性，或者恢复因卒中而造成的身体与大脑之间运动命令的中断。以下是一些这类临床应用的例子。

写入数据

人工耳蜗是最早的可穿戴临床神经接口。当能够将声波转化为电脉冲形式的人体听觉感受器受损时，人工耳蜗能将声音转化为电脉冲，并把它们传递给耳朵中的听觉神经。20 年前，美国食品和药品管理局批准的这项技术如今已经帮助 20 多万人恢复了听力。人工耳蜗只是这种技术的基本形式，但它的作用已经得到了证明。通过与具有适应性的大脑相结合，它改善了人类的生存境况。令人吃惊的是，仅仅在内耳不到 24 个刺激点上插入线一样细的探针就能完成对声音的解读。正常情况下，这项任务会由数千个听毛细胞完成。研究者正在尝试用类似的方法，恢复因黄斑变性或色素性视网膜炎等疾病而丧失光感受器的患者的视力。我们已经可以用摄像机向视网膜前的64个点的网格传输简单的图形刺激，使神经元将信息传送给大脑。这样便能实现比较粗糙的视觉模仿。若可以更好地理解自然的活动模式并通过更复杂的电子设备传输，我们便能够获得颗粒更细的图形刺激，由此可以给患者带来近似正常的视力或听力。光遗传学的一个更深远的潜在应用是，在剩余的视网膜细胞中重新形成光敏感性，目的是彻底替代缺失的光感受器。如果改善了视网膜或耳蜗的中尺度操作所提供的时间、空间刺激模式，那么在用物理设备替代受损或缺失的网络从而实现神经修复时，我们便能更进一步。

重新恢复运动、情绪和记忆回路的平衡

神经调节就是用目标刺激调节大脑疾病中的神经回路活动。深部脑刺激（DBS）采用毫米级的电极来改变神经回路。目前已经有超过10万人的大脑中被植入了深部脑刺激系统。它们能够减少帕金森病的僵硬和颤抖症状。研究者还在临床试验中对用于治疗抑郁症、认知减退和其他各种神经疾病的深部脑刺激进行了评估。虽然深部脑刺激具有改变生活的影响力，但我们对深部脑刺激发挥作用的网络基础和对疾病本身的模糊认识使得临床结果明显缺乏稳定性，常常需要不断调整刺激模式，不断进行药物治疗。对帕金森病患者进行的深部脑刺激，会干预互相连接的皮层结构与深层结构组成的网络，这些深层结构在不断失去对多巴胺的神经调节作用。因此，关于这些回路功能正常和不正常时的运作的基础研究，应该会带来更有原则的神经调节治疗方法。

此外，如今相对比较大的电极不够精确，而神经技术的发展使它们能够进行精确的、有针对性的时间和空间刺激。如果人类能够让自己的神经元变得对光敏感，那么光学方法似乎预示着更大的潜力，因为这种方法能够实现直接电刺激无法实现的对特定神经元的选择性。可以想象，在经过较长时间之后会出现从大脑外部有选择性地发送能量的方法，这样就不必再通过手术在大脑中安置电极了。电磁线圈、超声波和光也能穿透头皮和颅骨，但目前

它们还很粗糙，还无法针对特定的回路进行检测。不过值得注意的是，非损伤性的经颅磁刺激能够暂时缓解某些抑郁症患者的症状，尽管它无法做到很精确。随着大量新工具的出现，我们会更好地认识疾病和刺激的影响。届时，我们应该能破解经颅磁刺激影响神经网络的机制。

大脑新趋势
THE FUTURE OF THE BRAIN

神经调节解释了神经技术如何在基础研究与临床应用之间架起了桥梁。研究环境中的刺激能够给临床治疗提供启示，而临床上使用刺激所产生的结果能够引发新的研究问题。重要的一点是，那些愿意接受刺激作为治疗方式的人或参加临床试验的人为科学家提供了探究健康大脑与患病大脑的新窗口。

在这个新的研究时代，人类研究的参与者是科学家、临床医生以及患者。不过，我们应该小心监督这些对认知或情绪进行操纵的研究和治疗计划。虽然对于帕金森病这类主要造成身体影响的疾病，人们一致赞同采取刺激疗法，但当患者患有精神障碍或记忆丧失时，情况就会变得比较不明朗。

读取：把想法变成行为

传感技术未来在临床上会具有越来越大的影响力，尤其是当记录神经网络的技术得到改善时。

大脑新趋势
THE FUTURE OF THE BRAIN

脑机接口作为一种能够带来巨大临床影响力的传感神经技术尤其吸引大家的注意。脑机接口试图恢复大脑瘫患者丧失的独立性和控制力。它是一种物理神经系统，是将大脑与外部世界重新联系起来的新通信渠道。通过传感器、信号处理器和计算机，这项技术能够探测并编码神经元集合的活动模式，创造出无法被实施的行为替代命令。

中风、脊髓受损、肌萎缩性侧索硬化症等神经系统变性疾病，或四肢丧失都会导致大脑与身体失去联系，因为通信通路遭到了破坏。每一种情况都会阻碍大脑运动区域中产生的意图转化成行为。即使功能最小的脑机接口，比如点击“是”或“否”的开关，都会给严重瘫痪的人带来巨大的潜在价值。严重瘫痪的人无法以任何可靠的方式移动身体或进行沟通。在被寄予厚望的脑机接口形式中，来自大脑的运动命令会被用来操作计算机、义肢或机器人设备等机器。在最高级形式的脑机接口中，来自大脑的运动命令会被用来激活瘫痪的肌肉，创造出缺失的神经回路的替代物。这些想法看起来有些异想天开，但研究者已经在进行人类测试了。

我们的合作团队开发的脑机接口系统“脑门”（Brain Gate），直接将一部分与手臂运动有关的皮层网络和辅助技术结合了起来。一组严重瘫痪者参与了早期阶段的临床试验，目前美国食品药品监督管理局规定这种方法仅限于研究。它带有100个微电极，只有小儿复方阿司匹林片那么大的芯片被植入患者运动皮层的手臂区域。这种多电极传感器能够检测到几十个神经元的峰电位模式，并将这些信号传递给外部的电子设备，计算机算法会将这些模式解码成有益的运动命令。对巨大的神经元网络中非常有限的样本进行解码，居然能够准确地让被试操作计算机，实现吃东西或者用机器人手臂喝水这些行为。

若想搞明白这魔法般的事情是如何实现的，不妨回忆一下我们之前探讨的由两个神经元峰电位编码的伸手够取行为。峰电位模式携带着足够多的方向信息，因此可以让光标指向屏幕上的字母，或者移动机器人手臂去完成够取和抓握的动作。然而值得注意的是，这些运动不像人类自然的手臂动作那样快速、准确或灵巧。为什么呢？因为我们对运动意愿如何在大脑网络中被编码还不是非常了解，还不足以将神经活动映射到每一个想做出的行为上。例如，我们不清楚实现完好的神经系统所应具有的灵活性、速度或灵巧性，也不清楚其尺度，也就是神经元群体的大小、分布和动态要求是什么。脑机接口能够说明基础研究工具在通过什么路径来研究神经回路中的编码，多电极阵列已经成为人类新型临床设备的一部分。源自中尺度基础研究的工具和规则将带来更快、更好的脑机接口控制。多通道神经信号模式的无线传输，对研究动物产生自然行为期间的大脑活动非常有价值，它将为人们提供不受拘束的、全时间段的脑机接口应用。对皮层回路中感觉编码的深层了解，让我们能利用图形刺激来重新构建感觉知觉，关闭感觉运动循环，这样触摸便能引导行为了。中尺度的神经解码在其他临床应用上具有巨大的潜力，比如可以治疗癫痫。在这里，对网络动态非常灵敏的测量可以被用来找到异常的联合活动。在临床应用中，我们可能在有临床表现之前预测出癫痫发作，同时可以用精确而有针对性的刺激来中止它们。

下一代的工具将会揭示具有高时间精确性的大规模网络功能。当我们对行为、思想和疾病中神经元的集体动态有了更好的了解时，新的大脑接口应该能够帮助患者更好地恢复复杂的视觉、自然的听力和灵巧的运动。神经调节设备最终能减少甚至消除回路失调的表现，这些回路失调造成了人的运动、情绪或认知障碍。这些应用不仅有可能恢复患者的生活质量，还将大幅降低治疗和照顾这类患者的成本，能够帮助因为这些疾病而无法自理或生活质量大打折扣的人。

没人预期所有这些被寄予厚望的临床应用会立即取得全面的成功，也无法估计何时它们会彻底实现。对神经元集体动态性质研究的发展必然产生许多新问题。临床试验可能会面临副作用或设备故障的阻碍，它们都会让技术进步的速度减慢。然而，在理解人类和其他动物神经网络功能以及研究所需工具上的不断进步，将会通过神经疾病和精神疾病的治疗带来变革性的影响。

图 19-2 展示了如何从动作电位，即峰电位的模式中解码命令。这个实

验只显示了运动皮层中的一个神经元。当一个人看到屏幕上的光标向左移动时，他想象着向左移动他的手，就好像他正在用鼠标移动光标，在此期间我们记录下这个神经元的活动。实际上他没有移动光标，我们的计算机正在自动向左移动光标。这个模拟的动作引导着被试想象中行为的速度和方向。在此期间，我们会数出发生在某个确定的蓝色时间窗口中的峰电位数量。在这个例子中，数量为“1”。之后让被试想象光标向右移动，重复相同的“使用者想象，计算机计数”过程。在我们的实验中，此时的峰电位数为“5”。这些数据让我们能够创建一个模型，其中 1 意味着向左，5 意味着向右。未来我们可以解码神经元的活动，用峰电位的计数来驱动光标。当我们在窗口中观察到 1 个峰电位时，光标会逐渐向左移动；当观察到的是 5 个峰电位时，光标会逐渐向右移动。当然，运动皮层中的神经元不会这么稳定可靠地放电。许多神经元的平均活动能够较好地预测出主体想要做出的行为，也就是有关打算做什么的更好模型。更加复杂的数学方法有助于改进模型的质量和解码输出，例如，当检测到 3 个峰电位时该怎么做。更好地了解影响和产生峰电位的过程能够带来更好的模型，因此脑机接口的可靠性也会更高。

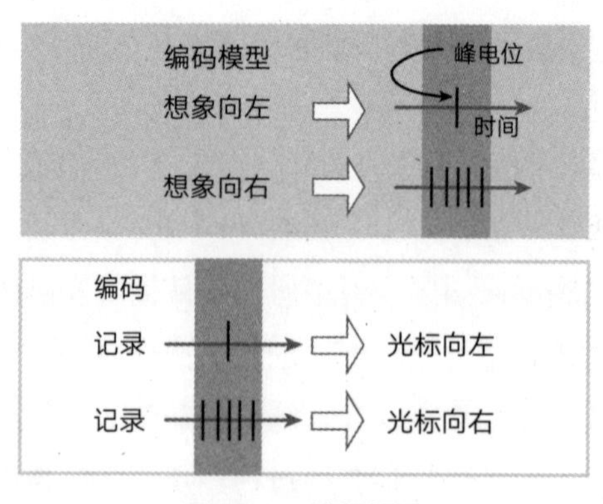

图 19-2　神经解码

人类的局限

新兴的神经技术革命最发人深思的部分是它对人类的意义和影响。如果我们能复制最宝贵、最独特的人类大脑功能，那么我们便能够扩大自己的能力范围。想象一下，人类拥有 4 条手臂、6 只红外线探测眼睛、无限的记忆力或超声波知觉。如果我们将大脑所有的知觉、推理、表达情感或创造能力都集合在一台台式机上，那会怎样？将人类大脑的全部能力复制在一个盒子里所需的先进技术似乎还距我们很遥远。为了制造出这类“大脑机器”，我们需要揭示出神经网络联合动态的机制，将神经元与所有行为联系起来，同时还需要有能够执行这些机制的技术。但是这并非遥不可及。随着更多复制技术和扩展技术的出现，随着人类对大脑认识的加深，模拟人类大脑最惊人能力的机器也会得到发展，就像它们已经拥有了能够指引我们前往不熟悉的目的地，翻译外文或帮助我们泊车的智能手机应用。这些进步将引发广泛的伦理挑战，我们应该对此进行审慎的探讨和小心的监督，以避免滥用。在使用药物加强注意力或调整情绪上我们便已经遇到了这样的挑战，例如，用义肢来提升能力后变得比健全的人跑得更快或爬得更高。当神经技术重新定义哪些是人类能达到的可能时，它将从根本上彻底改变被长期争论的人与机器的界线问题。

最后，我想感谢“脑门”项目的同事们，他们帮助我们对神经技术的革命做出贡献。我还想感谢全美永（Miyoung Chun）和 BAM 团队带来的充满启发性的探讨，感谢美国国家卫生研究院脑康复和损伤网络委员会的成员。此外，还要感谢美国退伍军人事务部、美国国家卫生研究院、美国国防部高级研究计划局、远程医学和先进技术研究中心、美国海军研究办公室、美国国家科学基金会、萨姆森控制设备公司和以色列大脑基金会对我们研究的慷慨支持，感谢盖瑞·马库斯在编辑方面提供的细致指导。

20 连接错乱的大脑、基因与心理疾病

凯文·米切尔（Kevin J. Mitchell）
都柏林三一学院遗传学和神经科学副教授

如果你因为腹部不适去看病，医生和其他技师会对你进行一系列的检查以找出病因。他们可能会检查你血液中的炎症标志物，检查过敏情况，给你做肠镜，做活检，检查各种酶的水平等。最后他们会将你的病诊断为克罗恩病、结肠癌、溃疡性结肠炎或有着类似症状的很多疾病中的一种。找到病因后便能直接确定相应的疗法。有时会找不到原因，医生有可能给你的病贴上肠易激综合征的标签。这是用排除法进行诊断的过程。他们给你的痛苦冠一个名称，但无法告知你患病的原因。

在精神疾病领域中，所有的诊断都与之类似。重度抑郁症、精神分裂症或孤独症等标签都是由各种症状模式界定的，这些症状往往会同时出现，多多少少具有典型的生病过程。这些概念都是开放的，不是由一套严格的参数或特定检查的结果来界定，而是通过参考范例来界定。基于精神疾病学家已经获得的数据：行为模式和患者对主观状态的报告，医生给表面症状相似的疾病冠以同一个名称。这些名称与病因毫无关系，因为精神疾病学家对病因几乎一无所知。

这就是在过去 60 年里几乎没有开发出治疗精神疾病的新药的主要原因。这种现象与治疗心脏病、癌症和其他疾病的新药不断涌现形成了鲜明对比。随着对这些疾病背后的生物学机制的了解越来越多，治疗药物的发现便

有了可能。在精神疾病学领域中，解释各种疾病的生物学原因进展太慢，我们不仅接触不到患病的组织，而且更根本的问题是界定这类疾病的方式几乎没有。

精神疾病学家承认，他们所界定的疾病类别并不代表“自然的种类”，即自然界中真实存在的类别，而是人类主观的分类。往好了说，它们至多是有益的术语，让人们能够推测具有类似症状的患者的临床体验。往坏了说，这类相似性会产生误导作用，掩盖病因的多样性。

大家曾希望在国际精神疾病诊断手册最新修订的准备阶段，神经科学能够提供通过生物学原因识别和区分不同疾病所需的发现。这些生物学原因可能包括“伏隔核中5-羟色胺过量”“纹状体中多巴胺的释放增加”或者“海马和额叶皮层之间的功能性连接减少”。到目前为止，这种方式一直很成功。然而，目前还没有任何大脑扫描发现或任何种类的生物标志物能够被用于诊断精神分裂症、双相障碍或孤独症。

失败的主要原因在于，寻找这类具有差异性的实验，依赖的是精神疾病学家希望证实或替代的诊断类别。神经科学家所能采取的最好方法就是将患有“精神分裂症”“孤独症”或其他各类疾病的患者的大脑与控制组的大脑进行比较。如果这些疾病的类别不代表自然的类别，那么把许多病例汇集在一起，寻找能够体现主要病因的群体差异的方法最终会毫无成果。如果这些疾病的原因是异质的，那么某些患者子集中的真实差异就会令神经科学家陷入困境。

遗传学

在神经科学目前还不能通过病因对精神疾病患者做出区分的情况下，遗传学提供了更尖锐的观点。从诸如精神分裂症和孤独症这类疾病最初被认识以来，它们就显然具有“家族遗传”的特点。对双胞胎的研究清楚地显示，这种效应很大程度上是因为他们共有的基因，而不是因为共同生活的环境。在孤独症、精神分裂症等神经发展性疾病中，遗传差异能够解释患者群中的绝大多数变化。

大脑新趋势
THE FUTURE OF THE BRAIN

有一个好消息是，现在我们终于有可能找到精神疾病的基因了。以前我们以为能导致精神疾病的变异基因很罕见，仅存在于少数基因中，但目前我们知道这样的基因超过 100 个。有些变异只影响单个基因，而有些变异会涉及一部分染色体的删除或复制。后者被称为拷贝数变异，因为它们改变了基因副本的数量，这些基因中包含被删除或被复制的部分。

有些拷贝数变异与一些罕见的疾病有关，比如快乐木偶综合征（Angelman syndrome）或威廉斯综合征（Williams syndrome）。虽然从个体上说，这些变异很罕见，但这类变异汇总起来能够占这类疾病的 10% ～ 15%。多亏全基因组测序技术的发展，现在检测只有单个 DNA 核苷酸发生改变的微妙变异已经变得容易多了。单个 DNA 核苷酸的改变会影响单个基因，改变相应蛋白质的制造或功能。无论是拷贝数变异还是单个基因变异都会显著增加主体罹患精神疾病的风险。有 10% ～ 100% 这类基因的携带者会表现出精神疾病的症状。

这些研究提供了几个重要而普遍的发现，它们迫使神经科学家重新对精神疾病定义。首先，基因变异并不符合现有诊断类别之间的主观界限。某种基因变异，比如 CNTNAP2、PCDH19 或 SHANK3 发生的变异在一个人身上会表现为精神分裂症，在另一个人身上会表现为孤独症，在第三个人身上会表现为智力障碍或癫痫。这并不特别，而是一种普遍情况。目前还没有哪种已知的变异仅表现为单一的精神疾病诊断类别。这与大规模研究中的流行病学观察结果相一致，这说明遗传疾病在精神疾病类别和神经疾病类别之间有很大一部分重叠。不同的疾病在病因学上其实大部分是重叠的。

任何一个基因上的变异都有可能造成精神疾病。不是 10 种或 20 种疾病，很可能达到至少 1 000 种。因此，从病因学的角度来看，精神疾病诊断类别便不是单一的疾病，而是描述大量不同遗传综合征可能结果的涵盖性术语。虽然每种遗传综合征本身很罕见，但它们总体的数量很大，普遍到足以解释像精神分裂症和孤独症等为什么会如此常见。原则上来说，每一种大约占人口的 1%。

并非所有的基因变异都是遗传而来的，至少从普遍的意义上来说是这样。很多基因变异源自卵子，更常见的是精子形成中的新生突变。因此，即使非家族遗传的偶发性疾病依然具有遗传上的原因。高新生突变率和大量与这些疾病相关的基因，解释了为什么它们会在人群中持续发生，尽管它们常常会增加死亡率，减少人类后代的数量。虽然许多致病变异基因没有被传给后代，但新的变异总会发生。

我们应该强调，对大多数变异来说，基因型与表现型之间的关系很复杂。虽然很多变异显著增加了人体罹患精神疾病的风险，但这种影响也处于变化之中。而且人们发现，大多数变异具有较低的发生频率，有些变异携带者从来都不需要接受精神治疗。在很多情况下，遗传背景在决定“基本”变异的影响上发挥着重要作用。换句话说就是，疾病的出现源自多种变异。然而，随着携带已知致病变异基因的患者子集的扩大，我们至少可以说它具有主要的致病作用。

对疾病原因做出的遗传诊断，会对患者个人或其家庭造成直接而重要的心理与社会影响。这类诊断还会影响医疗保险责任范围和未来的生育决策。从长期来看，致病遗传变异的识别还为解释疾病背后的生物学机制及在此基础上对患者进行区分开辟了一条道路。

从基因到生物学

根据遗传损害来对患者分组能够揭示出小群体中的症状概况或病程，而当这类群体躲藏在大量患者中时，症状概况或病程就不那么明显了。定义各种遗传综合征的临床后遗症，可能有助于解决与广泛的诊断类别有关的临床异质性问题，并直接为临床管理提供信息（见图 20-1）。

基于疾病的生物学原因将患者区分开的能力，还巧妙地避免了棘手的精神疾病异质性问题。这让研究者能够定义与特定综合征相关的神经生物学缺陷，而对于广泛的诊断类别他们不能这样做。患有 22q11、3q29 或 16p11.2 缺失综合征的 40 个患者的神经成像，可能比 400 个精神分裂症患者的成像的信息量更大。强调影响患者亚群体的特定神经化学通路或神经回路，有助于我们找到针对这些病患群体的治疗方法。这可能包括使用特异性药物，或者直接干预其神经回路的活动，例如，用深部脑刺激来治疗抑郁症或强迫症。

然而，为了彻底理解变异如何导致了精神疾病，我们需要进行更加细致的研究，将分子层、细胞层、回路层、网络层和大脑系统层联系起来。DNA 编码的微小改变是如何导致偏执妄想、狂躁或自杀倾向的？我们怎样才能将分子与心智联系起来呢？遗传学提供了一条线索，我们可以顺着这条线索穿过各个层次，从细胞模型开始研究到动物模型，再到人类。

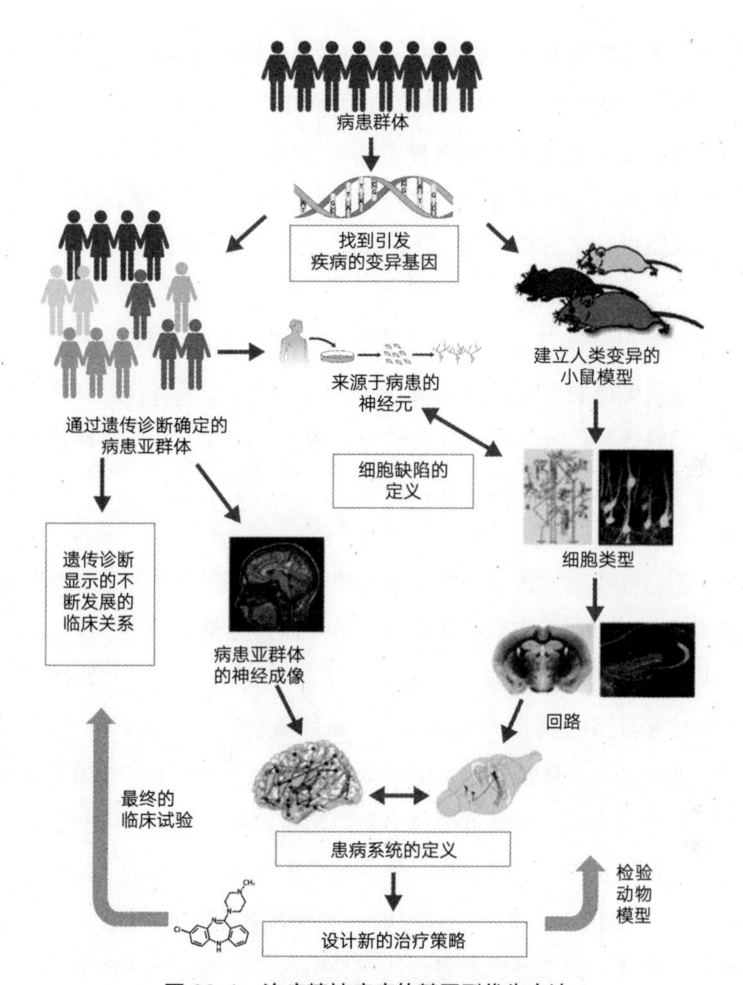

图 20-1　治疗精神疾病的基因型优先方法

注：遗传分析可以用来将病患亚群体从广泛的诊断类别中区分出来。特定变异的识别使得我们可以创造出直接具有病原学有效性的细胞模型和动物模型。我们可以对它们进行分析，从分子层、细胞层，最终到神经回路层和系统层来说明变异的层叠效应。将神经成像与从遗传学角度界定病患亚群体的其他分析结合起来，这些研究将揭示出自然发生的病理生理状态，并提出可能的治疗策略。我们可以在动物模型上检验这些策略，最终对明确的群体进行临床试验。

资料来源：干细胞部分，Jamie Simon and Fred H. Gage, Ph. D. Salk Institute for Biological Studies；人类大脑网络部分，NITRC and Brain Net Viewer；细胞类型部分，Mitchell et al. *BMC Biology* 2011, 9:76。

最近，遗传研究的主要发现之一是很多与精神疾病有关的基因在大脑早期发育过程中功能是正常的。大脑的细胞架构不仅复杂得不可思议，而且组织方式巧夺天工。大脑中有数百种不同类型的神经元，数千个不同的区域，它们既是分散的，又以高度特异的方式互相连接着。基于基因组中的发展程序，神经回路进行了自我组装，这是最惊人的进化壮举之一。

然而这种发展程序是脆弱的，它涉及成千上万个基因的产物，即蛋白质。它们规定细胞将移动到什么地方，它们的神经纤维将投射到哪里，它们会与哪些细胞连接以及这些连接会随着运用怎样改变。在许多精神疾病患者体内发现的正是这类基因的变异。

在弄明白变异会如何影响神经发展和大脑的可塑性，并最终导致病态大脑状态的研究中，动物模型被证明具有不可估量的价值。一个反复出现的主题是，两大类神经元的功能不平衡产生了不良影响。这两大类神经元分别是：①用信号让其他神经元变得兴奋，从而激起它们放出电信号的神经元；②抑制其他神经元，降低它们的电活动的神经元。这种不平衡最明显的表现是癫痫，发作时大量神经元群体会不受控制地放电。然而，抑制性神经元所做的远不止是防止失控的电兴奋。其中至关重要的是，它们还能控制神经回路中信息加工的很多方面，比如过滤、获得控制和时间与空间的整合。此外，它们也协调兴奋性神经元集合的同步振荡性放电，这是调节不同脑区之间通信的核心机制。因此，整个大脑系统的活动便源自突触、细胞和微回路的突现特征。

对具有相关变异的小鼠进行的研究，清楚地显示了各种基因中的变异所引发的主要缺陷，研究还强调了后续神经发展中出现的层叠效应最终会使大脑患病。

思考一下脆性 X 染色体综合征（Fragile X syndrome），它是由 X 染色体的变异造成的。X 染色体变异是引起人类智力障碍的常见原因之一。很多脆性 X 染色体综合征患者也表现出了孤独症的症状，而 3% ~ 4% 的孤独症患者存在脆性 X 染色体变异。1943 年开始，学界有了对这种综合征的记述，但直到 1991 年才在分子层面上确定了变异的基因。基于在细胞模型和动物模型中的发现，以及基础神经科学研究大量文献的解释，我们知道了变异蛋白质的作用机制。它作用于神经元的突触，阻止产生新的蛋白质 FMRP 和调节突触可塑性的生物化学过程，它改变了神经元连接的强度。

当小鼠体内编码 FMRP 的基因发生了变异，突触可塑性的过程就会被错误地调节，在细胞层面上，兴奋性神经元之间的连接变得过度紧密，皮层变得过度兴奋，小鼠有节奏的活动模式发生了改变。这些改变与认知缺陷、社会交往受损、极度活跃、听觉过度敏感以及听源性发作有关，症状类似于人类脆性 X 染色体综合征的很多方面。

FMRP 蛋白质如何发挥功能的详细知识，暗示了一种治疗方法：如果突触可塑性过程的抑制性因素不能很好地发挥作用，那么或许我们可以通过“减油门”来重新恢复平衡。FMRP 蛋白质通常和一个通路是相互抗衡的，这个通路由一种能够感知到亲代谢型谷氨酸受体之间的活性水平的蛋白质来激活。在缺乏 FMRP 蛋白质的情况下，通路会过度活跃。用药物减少亲代谢型谷氨酸受体的数量或者阻止它们发挥功能，能有效地逆转小鼠体内脆性 X 染色体基因变异的许多影响。这些影响涉及细胞层面、生理学层面和行为层面。阻碍亲代谢型谷氨酸受体发挥作用的药物正在接受临床试验。

大脑新趋势
THE FUTURE OF THE BRAIN

尽管这些尝试还处于早期阶段，但它们阐明了基于生物学知识开发疗法的核心理念，这与筛选化合物，意外或随机地发现有效药物的做法正相反。精神疾病研究领域 60 多年来都没有开发出新作用机制的药物了，这种范式转变带来了不小的震动。

这个例子还强调了个体遗传诊断和个性化治疗的重要性。即使这类药物能够阻止或逆转脆性 X 染色体综合征患者的症状，它们对治疗其他智力障碍或孤独症也可能是无效的。相应的基因变异还会影响突触可塑性的分子通路，但这种情况中的生物化学作用，与在脆性 X 染色体综合征中观察到的作用正相反。尽管生物化学通路双方向的功能不良都会导致孤独症，但显然，我们应该知道患者出现的是哪种功能不良，因为改善脆性 X 染色体综合征的药物会加重结节状硬化变异患者的症状。有些遗传原因引起的癫痫，比如德拉韦综合征（Dravet syndrome）也存在相同的情况，其中某种抗痉挛剂被禁止使用，因为它会与钠离子通道相互作用，80% 的德拉韦综合征患者存在这种变异。

我们即将迎来精神疾病治疗方法的巨大革命。精神疾病学将从根据表面症状的相似性做出主观武断的诊断，转变为基于疾病的根本原因而对很多患者做出区分。这种转变是由遗传学带来的。它还提供了一条发现大脑疾病背后的生物学基础的路径，最终将带来治疗精神疾病的真正个人化的方法。

21 神经灰尘：没有线缆的持久脑机接口

米歇尔·马哈比兹（Michel M. Maharbiz）

加州大学伯克利分校电子工程和计算机科学系教授。他的研究集中在技术的极度微型化上，重点是建立细胞和有机体的合成界面

徐东津（Dongjin Seo，音译）、乔斯·卡梅纳（Jose M. Carmena）、简·拉贝艾（Jan M. Rabaey）、埃拉德·阿隆（Elad Alon）合著

脑机接口技术的目的在于改善瘫痪患者和神经疾病患者的生活质量。半个世纪以来，科学家与工程学家的努力带来了大量的知识和一套连接哺乳动物大脑的工具，它们应该能够带来临床上可行的应用。然而，我们目前还面临两个主要的挑战：①设计、制造出完全可植入的、无线缆的、可持续一生且具有临床上可行性的神经接口；②提升设备性能，实现假肢器官的灵活性和操控性，让患者觉得冒险植入这样的设备是值得的。

创造持久、无线缆的接口会引发各种问题，会影响物质基质的性质，比如，为了避免生物的和非生物的影响，它们有可能造成电极-组织界面的性能降低，以及感知点密度与空间覆盖面的降低。它还会影响所测量的信号的类型，影响电力供应有限的情况下的计算与通信能力，还会影响加工信号的多少和进行数据的无限传输。

我们目前面临的第二个挑战涉及以下问题：利用神经接口提供的信号，假肢器官能够达到什么水平的控制性和灵巧性，从而证明在大脑中植入这类设备是值得的？之前我们一直未关注的一个重要部分是：对来自义肢器官的感觉反馈进行编码。感觉反馈是通过直接刺激大脑中的感觉区域产生的。这

样做的目的是补充视觉反馈，并且使用者还能感受到周围的环境。最近的一项实验证明了这一点。在这项实验中，研究者对正在进行感知任务的被试采用了电微刺激。在脑机接口未来发展中发挥关键作用的另一个部分是把脑机接口看成一个系统，在这个系统中，神经元和编码神经信号的算法一起向着加速学习、改善系统性能的方向改变，并且为脑机接口提供类似自然的运动记忆。研究最终的目标是实现量子飞跃，提供神经假肢器官的可操控性，使患者能够自然地、毫不费力地实现日常生活中的需求。

解决这些重要的挑战关系到脑机接口在临床上产生广泛而重要的影响。在本章中，我们将聚焦于第一个挑战，解释能够大幅增加大脑中记录点数量的技术，这项技术同时还能去除经颅线缆，实现设备持续一生的运作。

典型的皮层内脑机接口系统由同时发挥作用的 4 个子系统组成，它们分别是：测量皮层区域神经元集群的细胞外活动的神经接口，将这些信号转化为运动命令的解码算法，执行运动信号的假肢器官，有关假肢器官状态的反馈。

目前，大多数神经记录是通过测量去极化事件期间神经元附近的电位改变来实现的。其他方法通常没有高度的空间分辨率，也没有高度的时间分辨率，速度没有快到足以捕捉到单个神经元产生的动作电位。光遗传学方法是一个令人激动的替代方法，但目前它还不能广泛地应用在临床上，因为它只是名义上涉及大量细胞的遗传操纵。还有很多临床上有益的方法，人们可以利用它们从大脑中提取信息。成像技术的进步，比如功能性磁共振成像、脑电图、正电子发射断层扫描和脑磁图，提供了大量有关神经元群体行为的信息。科学家许许多多的努力聚焦于细胞内和细胞外的电生理学记录刺激、光学记录、光遗传学刺激、光电及电声学方法，以扰乱并记录巨大集合中神经元的个体活动。所有记录技术都体现了在时间或空间分辨率、可携带性、电源要求、侵入性等之间的权衡。

虽然几种重要的技术在细节上各不相同，但细胞外电记录接口具有几个共同的特征：

- 大脑中活跃脑区与颅骨外电回路之间的物理连接、电连接；
- 可植入记录点的数量上限是几百个；
- 被植入的电极因为周围的生物反应的发展，记录性能会随时间减弱。临床神经植入物在短期内被证明是成功的，可以坚持几个月到几年，但不能更长。而且，它只能用于大约 10 个通道。

我们是否有办法在大脑中植入非常小的记录设备，这样便能从根本上增加记录点的数量，同时去除经颅线缆，实现设备持续一生的运转呢？我们相信，答案是肯定的。接下来，我们会简要叙述其技术方面的基本原理，解释为什么这是有可能实现的。要重点说明的是，目前这项研究正处于萌芽期。

介绍性概念

我们提议的技术利用了迅速发展的硅电子技术以及构建芯片的一套相关的生产过程，其中包含几亿到几十亿个纳米级的开关晶体管。这些晶体管集结成电路，协同发挥作用，这样芯片便能测量它们周围的世界，进行无线通信，产生视频以及无数其他的通信、计算和感觉功能。这项技术的名称是：互补金属氧化物半导体技术[①]，缩写为 CMOS。

另一项技术是压电技术。压电效应历史悠久，具有很多相关的技术文献。简而言之，当某种晶体被拉伸时便会产生电压。当压电材料在被施加电

① 互补金属氧化物半导体技术的英文是 Complementary Metal Oxide Semiconductor。

场时，相同的晶体会产生压缩。同样压电材料的机械损失很低，也就是说，对材料进行拉伸或压缩以及释放，它们会以超声频率振动很长时间，就像敲击音叉似的。然后，能量才会以热的形式损失掉，振动同时停止。人类能听到大约15千赫，即每秒钟摆动15 000次的机械振动，压电晶体的振动则能很好地达到兆赫频率范围内，即每秒钟数百万次。通过这些观察资料，科学家发明了应用微小压电晶体的高频计时器、超声扩音器、超声“扬声器”和许多其他应用。

神经“灰尘”范式

最简单形式的神经“灰尘”包括与非常小的CMOS记录芯片相结合的压电晶体（见图21-1）。晶体或传感器被用作能量收集装置，冲击晶体的超声能量会让它振动产生电压，为CMOS芯片提供电力。较大尺寸的晶体是现代电子学的主要支柱。被安装在晶体上的是极小的CMOS芯片，它带有表面电极，用于获取神经信号。芯片利用晶体，通过反射和调节超声波的振幅、频率或相位，将记录的信息报告给询问器。我们常常将单个神经“灰尘”系统称为节点。我们会在下文详细探讨每个节点的调节机制。大家需要在这个系统的基本设计上进行取舍，低功耗CMOS与超声功率传输、反向散射通信相结合的系统，存在着最大尺寸、功率和频带宽度的局限。

为植入物提供动力和进行通信的机制

为了获得人体在高质量运动控制中的神经信号，我们迫切地需要与微电极相连接的计算平台。植入设备的两个主要限制是：设备的尺寸和功率。我们会在下文中对此进行详细探讨，简单来说就是：

- 将尺寸比一两个细胞直径大的植入物放置在皮层组织中，结果充分显示，它们的皮层反应最终对性能是有害的，而且在植入数月后就会发生。关于皮层外的机械锚固装置在植入物性能降低过程中发挥着怎样的作用目前还存在一些争议。

⊙ 细胞外的或细胞内的动作电位是有区别作用的测量结果，因此当设备的尺寸减小，记录点之间的距离缩小，那么所测电位的绝对大小便会增加，这就要求降低前端的噪声。而降低噪声需要功率。也就是说，增加功率可以降低固定带宽设备的本底噪声。此外，为了降低感染的风险，我们应该尽量减少经皮 / 经颅的线缆，它们的作用是传播信息并为设备提供动力。因此，全脑的无线中枢对传递设备所记录的信息至关重要。

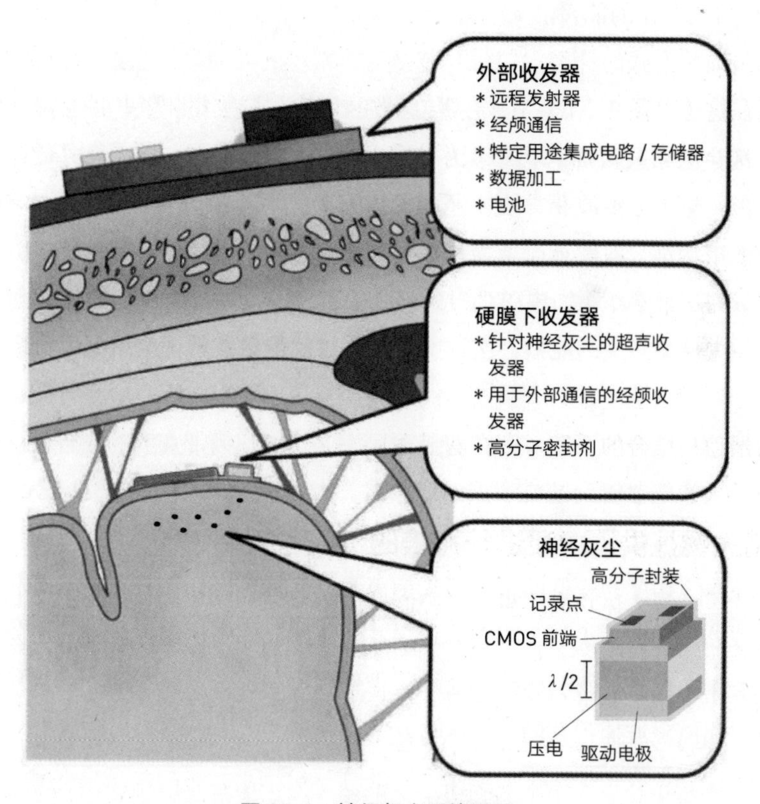

图 21-1　神经灰尘系统图示

注：该图显示了在颅骨下安装的超声询问机和独立的神经灰尘感知节点，它们分散在大脑中。

对于非常小的植入物，电磁波不是传输信号的好选择

目前最受欢迎的经皮无线能量传递技术，依赖的是电磁场或电磁波，科学家用它们来传递信息或能量。例如，经电磁场耦合的能量被广泛应用于医学领域，它是人工耳蜗的主要动力来源。由于电磁场没有移动的部分，不需要化学加工或温度梯度，因此它比其他能量采集形式更稳健、更可靠。然而，当将它用在人体中时，“照射”的总能量受制于其对健康的潜在有害影响。它也与组织被加热有关，当电磁场经过组织时，就会加热。美国联邦通信委员会（FCC）对此做出了规定，非常著名的是美国电气和电子工程师协会（IEEE）推荐的水平。大致来说，你所传递的能量必须少于让组织温度升高 1℃所需的能量。

在这种背景中，思考一下将电磁能和信息传递到非常小的电路上的问题，这些电路会被插入到组织中。这里存在两个问题，第一个问题源自光速本身。由于电磁波非常快，速度大约为 3 亿米 / 秒，因此任何 1 微米到 1 毫米的结构都只有在频率非常高的情况下，比如大于 10 千兆赫时才会发生共振。在这种频率下，电磁信号的损失会非常高。此外，在穿越组织时电磁场会损失掉相当大的能量，实际上，正是这些能量导致了组织温度升高。

然而，电磁波不是唯一一种传递能量的方式。除此之外，还有超声波，即超出人类能够听到的频率振动的声波。大脑中超声波的速度大约为 1 500 米 / 秒，远远低于电磁波。而且，相对于电磁场，组织中超声波的损失也会明显减少。因此，较低的组织损失与声音较低的速度相结合，意味着相对于电磁线圈和类似大小的天线，给定尺寸的压电晶体将从超声波中“采集”更多的能量。总之，我们的计算显示，类似大小的设备用超声波“捕捉到”的能量是用电磁波捕捉到的约 1 000 万倍。

采集能量不是唯一的挑战。我们是否能在这个尺度上创建神经信号的微

小电记录器呢？神经活动典型的细胞外电生理记录显示的是，靠近神经活动的电极所记录的动作电位与“远离”神经活动的另一个电极所记录的动作电位之间的差异。我们的神经节点不属于这种情况，因为两个电极都在非常微小的设备上，它们离得非常近。因此我们很难测量出这些电极之间微小的电改变。在某种程度上，通过输入更多的能量，这种微小的电子设备能够变得更灵敏。这形成了一种逐底竞争：较小的节点捕捉到较少的能量，但需要较多的能量记录下微小的信号。我们的计算显示，节点直径达到 50 微米时，我们便无法传递足够的能量为传感器电子设备提供动力了。

第二个挑战涉及从多个感知点同时收集并区分信息。对于功能性神经映射的应用，每个节点将产生不到 1 千位节 / 秒的神经数据，它们会被不断传输给询问机。这可能意味着我们需要使用多个询问机，以不同的传输频率操作不同的灰尘节点。相比之下，对于脑机接口的应用，我们只需要分析峰电位的发生，这显著降低了数据后加工的负担。

节点上的记录电子设备看起来像什么

除了传输能量、管理噪声限度和向后传递信息的挑战外，我们还面临在灰尘节点中设计出“最优”电路的挑战。这些“灰尘”节点可在管着电记录呢。让我们快速简略地探讨一下这个挑战吧。第一，每个节点上没有多少空间容许我们用今天的电路技术设计出“完备的”放大与电子化前端，这样的电路将包括成百上千的晶体管，它们根本无法安装。第二，可能没有足够的能量驱动这种复杂的电路。对于这个问题，我们的解决方案是构建极其简单的电路，即一个晶体管！现有的系统试图以复杂的方式将其放大、数字化并用其传递信息。我们的方法则与之不同，依靠的是两个电极之间的细胞外动作电位差，它发挥着“门”的作用，电流在单个晶体管上流动。反过来，改变电流会影响压电晶体的“回响”方式。这些改变接下来会影响从压电晶体返回发射器的信号。做一个不太完美的类比，想象你正在操作一个正在回响的音叉，你的朋友站在远处听到了它的声音。为了对你唯一能听到的信号做出回应，你轻轻地触碰音叉的尖齿，这改变了你朋友听到的声音。在这个例子中，你是晶体管，音叉的尖齿是压电晶体，你的朋友是远处的接收器。

大脑的未来

总之，构建以超声波提供动力的无线缆、大约 50 微米的超小的神经记录设备似乎是可行的。我们必须克服 3 个挑战。第一个挑战是，设计并证明 CMOS 电路适合在可用动力和信号都随设备尺寸的减少而减少的情况下使用。第二个挑战是，将极小的压电式转换器与 CMOS 电子设备整合在密封的包装里。以上的探讨假设都基于整个神经“灰尘”植入物被包裹在惰性聚合物或绝缘膜中。在日常的神经记录设备中采用了各种各样的覆盖物，其中包括聚对二甲苯、聚酰亚胺、氮化硅和二氧化硅等，同时也会将两个记录电极暴露出来。第三个挑战，源自设计并实现具有适当灵敏性的颅下收发器，它能够以低功率运行，避免了颅骨与大脑之间的加热。

除了这三个挑战之外，还存在一个额外的问题，那就是如何将神经“灰尘”节点传送到皮层中。最直接的方法是，将它们植入很细的电线阵列的尖端，这种阵列类似于现在已经被用于神经记录的阵列。神经“灰尘”节点会被装配在电线阵列柄部的尖端，靠表面张力或靠可吸收层固定在那里。一旦神经“灰尘”节点被插入并释放，阵列的柄部会被收回，以使组织逐渐痊愈。动力传送也是一个选择，但目前还没有数据可以评估这种方法会对脑组织或设备本身产生什么影响。所有这些挑战还没有得到解决。如果我们能够应对这些挑战，那么这些设备会呈现出一条全新的道路，实现稳定、持久的大脑记录，这对神经科学以及神经义肢技术的发展都是至关重要的。

2064 年的神经科学：对过去一个世纪的观察

不久之前，在夏日一个温暖的夜晚，当我们这些作者热烈地讨论着意识的本质时，一个名叫莱姆的旅行者经过，他声称自己来自未来。一开始我们很怀疑，但他的回忆非常生动详尽，而且具有内在的连贯性。尽管我们试图找出他故事中的破绽，但没有成功。他声称自己来自 2064 年，拥有非同凡响的神经科学知识。一段时间后，我们开始相信他的话是真实的。我们根据回忆，尽可能如实地转述了他所讲的故事。

100 年前，也就是 1964 年，美国和苏联争夺世界霸权，“计算机”便象征了人类，它们被训练执行一长串一长串的计算，公路上跑着的都是“油老虎”。全球变暖和纳米技术还没有出现在字典中，英国的甲壳虫乐队刚刚来到美国。

100 年后改天换地！极端天气开始出现，化石燃料大量减少，传统超级大国逐渐衰落，中国崛起，人工智能广泛进入日常生活。世界从第二次世界大战后的相对稳定转变为四分五裂，社会虽然充满了活力，但处于混乱的边缘。有些人活得比祖先更健康、更长寿，几十种曾经致命的疾病现在已经可以治愈了。然而，绝大多数人的寿命不到 90 岁，因此将人类寿命延长到 120 岁以上的承诺目前看来非常不现实。

分子生物学最终兑现了人类基因组工程的早期承诺，虽然比预计的晚了几十年。以前整体性的疾病，比如乳腺癌、脑肿瘤、抑郁症、痴呆和孤独症，已经分裂成了许多更具体的病症。我们不再主要依靠共同的行为表型来界定这些疾病，还会根据共同的基因变异、分子通路和生物化学机制来界定。通过结合便宜、可靠和快速的遗传测试，勒罗伊·胡德（Leroy Hood）、克雷格·文特尔（Craig Venter）及其他先驱者长期以来宣扬的个人化医疗时代已经到来。在这个时代，我们可以对家族易感体质、行为特征、药物干预和疾病进行更有针对性的干预。

生物恐怖主义有时会发动攻击，但是将个人基因组学、个人免疫物质与普遍存在的监控结合起来，能够在很大程度上保护大家的安全。

脑科学的进步在很多方面是令人惊叹的。100 年前，人类知道是大脑，而不是心脏或肝脏产生了思想，但对神经组织如何支配着知觉、理解或意识还知之甚少。如今，很普遍的脑机接口在当时最流行的科幻电视节目《星际迷航》里还没有踪影。我们在神经科学领域曾取得了多么惊人的进步。但是人们可能忘记了，现代神经科学的种子在当时已经被种下。

神经科学的浪漫主义时代：1964

神经科学浪漫主义时代的第一个开花期开始于近200年前。其中有两项技术促成了这个时期的到来，它们分别是光学显微技术和化学染色技术的改进，尤其是高尔基使用了铬酸银盐的染色方法。所有这些技术使得圣地亚哥·拉蒙－卡哈尔能够呈现出动物和人类神经系统中回路的细节，展现大脑赏心悦目的图像，就像肾脏、心脏和其他生物学器官一样，大脑由许多独特的神经元细胞及它们的配角神经胶质细胞和星形胶质细胞组成。他发现，神经元有着令人眼花缭乱的形状、大小和几何结构。

后来，利用电子显微镜确定无疑地证明了，神经细胞之间存在着专门化的连接，它们具有化学性质和电性质的突触，而且微电极能够记录单个神经元的电活动。1963年，诺贝尔奖被授予了约翰·埃克尔斯（John Eccles）、艾伦·霍奇金和安德鲁·赫胥黎。因为埃克尔斯发现了突触传递的独特性质，霍奇金和赫胥黎描述了动作电位缘于钠离子，首先流入膜内造成膜电位倒转，钾离子相继流出膜外造成膜电位向静息状态回复，从而形成了神经冲动。他们最先提出的数学形式体系经证明是经久不衰的，描述单个神经元生物物理性质的霍奇金－赫胥黎等式将继续占据主导地位，直到它们被21世纪20年代的分子动力学模型所取代。

另一个巨大的研究进步来自电记录。一开始科学家是对被麻醉的动物进行记录，后来是用微电极和微型化、差别化的放大器，对清醒的、活的动物进行电记录。这让一直静默的大脑变得活跃起来，放电的神经元会发出断断续续的声音。1959年和1962年，在大卫·休伯尔和托斯滕·威塞尔的经典研究中，他们发现，视皮层细胞对线条的方向具有选择性。这项成果继而引发了我们对更高层视皮层的大胆探索，这类探索在20世纪60年代末达到了巅峰，神经科学家发现了专门对人脸做出反应的神经元。

临床研究一直是科学家获得有关人类属性知识的主要途径，神经疾病学和神经外科学就是从中诞生的，它们都对神经科学有所贡献。神经科学家保罗·布罗卡在1861年从单个患者身上首次推断出大脑左侧额下回对言语功能至关重要。到20世纪三四十年代，神经外科医生怀尔德·彭菲尔德（Wilder Penfield）用电极刺激癫痫患者暴露的大脑皮层，由此反复触发了患者简单的视觉知觉、运动和即时记忆。这证明了物质大脑与主观心智之间的密切联系。

在数学逻辑方面，1943年沃伦·麦卡洛克（Warren McCulloch）和沃尔特·皮茨（Walter Pitts）证明了，类似神经元这样的简单单元连接成的网络能够计算出任何逻辑表达。通过结合丘奇－图灵论题（Church-Turing）关于可计算性理论的假设，理论学家和工程师在非常重要的挑战中建立了立足点，这个挑战就是对大脑如何思考、推理和记忆进行概念化。鉴于笛卡尔在300年前需要假定一种模糊的认知物质（res cogitans），即人正在思维着的东西，计算机科学家，比如弗兰克·罗森布拉特（Frank Rosenblatt）在麦卡洛克和皮茨的启发下，开始初步尝试构建类似大脑回路的计算机模拟。或许20世纪60年代的单层神经网络“感知机”在现在看来简单得可笑，但我们一定要记住，这种简单的网络最终激发了技术革命。1955年，达特茅斯学院首创的人工智能进一步助长了人们在那个时期漫无边际的乐观和兴奋。

神经生理学家、计算机科学家和心理学家天真地以为，彻底揭开大脑秘密的日子已经近在眼前了。当然，我们现在知道具有高“鲁棒性”的人工智能研究花费了一个世纪，而不是几十年，而且心理学家和神经科学家都远没有使自己的学科达到物理学的成熟程度。但是大脑研究的根基已经确立起来了。没有人真正了解大脑是如何工作的，也不知道如何模拟大脑，但是变革正在如火如荼地进行。

神经科学成为“大科学”：2014

50年过去了，人类对大脑的研究不再是一个狭小的领域，而成了全面的运动。单单美国神经科学学会便有超过40 000名会员，每年的资金使用超过几十亿美元。与公众感兴趣的大脑知识相关的作家、记者和处于萌芽阶段的神经科学行业正蓬勃发展着。

一项主要的技术进步与分子有关。科学家已经了解了离子通道和受体的结构与功能，将嵌在双脂质膜中的随机开关和调制器缩小到最小。双脂质膜赋予了神经元加工信息的能力，影响并引导沿着轴突的动作电位释放出神经递质。科学家还了解了感受器的活动，它们将撞击到身体上的信息，比如光子、空气中的声音扰动或某种气味的分子转换为电活动。确实，神经科学家已经追踪到DNA中单个核苷酸是如何发生了改变，它对视网膜中一种或另一种光色素蛋白质进行编码，而这种蛋白质会影响人们对色彩的感知。

埃里克·坎德尔（Eric Kandel）获得诺贝尔奖或许是分子革命成功的最好例证，它阐明了海兔如何学会了缩腮反射，这是最早被搞明白的长时记忆。坎德尔的研究成果使我们进一步认识到，许多记忆被编码在神经元集合之间连接的特定模式和强度中。就像1895年西格蒙德·弗洛伊德所假设的那样，尽管记忆会以很多方式被存储在目前我们还不认识的个体神经元里，但正如坎德尔和他同时代的人开始认识到的，突触对与之相连的神经元的影响会被向上或向下调整，这取决于突触前和突触后电活动到达的相对时间。这种方式很聪明，给予了单个突触学习因果关系的基本能力。在因果关系中，B事件伴随着A事件发生，而且永远不会颠倒过来。2013年，另一位诺贝尔奖获得者利根川进（Susumu Tonegawa）的团队最先诱导出小鼠的错误记忆，他们的方法是操纵海马中的记忆痕迹。研究者逐渐发现了许多分子层面的细节，比如有关神经递质、第二信使系统、蛋白激酶、离子通道和转录因子的细节，虽然大脑的整体逻辑依然是个谜。

这两项技术被证明起到了变革性作用。在20世纪80年代，磁共振物理学被用于对人体解剖结构进行可靠安全的成像，方法是让人躺在强力磁铁中，同时用无线电波轰击他。被用于大脑的磁共振成像技术给神经科学带来了变革。在20世纪90年代，磁共振成像技术得到改进，能够以毫米和秒的时空分辨率对活跃大脑的功能性架构进行成像。尽管当时流行的成像按现在的标准来看粗糙得可笑，但它们促成了认知神经科学的诞生，科学家由此开始探究看、听、感觉、思考和记忆的神经基础。当许多神经科学家恢复了颅相学家的方式，将特定心理功能与特定的脑区联系起来并基于功能专门化确定出100多个脑区时，有关"局部化"假设的论战爆发了。

到2014年时，认知科学的理论开始变得更加复杂，研究者逐渐认识到，这些脑区是更大、更复杂网络的一部分，当时研究者还无法理解这样的网络。只有少数几位科学家想到将功能性神经成像的信号与以毫秒级的神经点阵转换联系起来。大脑成像的基本空间单位体素在当时大约是2毫米 ×2毫米 ×2毫米，其中包含大约100万个多种多样的神经元、胶质细胞、星形胶质细胞和100亿个突触。它在磁共振成像一个扫描周期中能放电2～20次，这种方式太粗糙了，我们无法据此推断出神经元的机制。这就好像通过倾听体育馆中所有观众模糊不清的交谈记录来理解现场赛事一样。没有人知道神经胶质细胞有那么重要。当时比较好的技术，比如脑电图和脑磁图，记录了具有毫秒级准确性的电场和磁场，但空间准确率比较低。用来安全地扰乱人类大脑的初级工具，对患者进行的电刺激、颅外电磁场和给志愿者服用的药物，都反映了这些设备的模糊性。

50年后，其他的主要科学进步是光遗传学方法和药物遗传学方法的诞生。这些方法以细微、短暂、可逆和无损伤的方式控制指定时间、指定细胞类型中的指定事件，最初被用于几种模式生物——蠕虫、苍蝇和小鼠。通过用这些工具来扰乱生物的大脑，科学家系统地从相关关系研究转向了因果关系研究，从观察被试在思考一项决定时回路被激活的情况到推断这个回路是做决定所必需的，或者推断出标志特定记忆的神经元。到 21 世纪 20 年代早期，研究者已经可以操纵丘脑 - 皮层回路完整的逻辑了。回溯起来，这是一个临界点，从此我们开始能够弥合皮层与有关皮层整体及特定功能的理论之差了。

大量的研究成果描述了感觉系统如何加工信息，如何在皮层组织中表征它们。硅微电极，用荧光染色剂对活体大脑进行成像，以及对电活动的代理标记进行遗传编码，使无畏的神经科学家能够追踪正在活动的动物大脑中数百个神经元的活动。追踪到的神经元数量比几十年前增加了很多，那时研究者只能用一根电线对大脑进行抽样检查。由此，理论学家能够从神经元的放电推断出神经系统表征视觉、听觉和嗅觉环境，以及动物的物理位置、对知觉决定或主观决定感到不确定的概率方式，甚至能推断出有熟悉的个体出现的概率。

这些进步再加上相关数据呈指数级的增加，以及全球最聪明大脑们的共同努力，理解健康的和患病的大脑回路变得越来越亚线性。即使仅包含 302 个神经元的多细胞“模式生物”秀丽隐杆线虫也很少被作为一个整体来认识。数百位蠕虫专家聚焦于某项功能孤立的简化主义解释。然而没人试图将所有这些知识整合成全面且一致的解释框架，也没有任何大脑疾病曾被治愈。大量迅速老龄化的人口将出现痴呆的症状，然而，医生却无法减缓它的肆虐，这是多么令人心碎的景象。2013 年，当《精神障碍诊断与统计手册》（第 5 版）出版时，它成了当时精神病学家诊治患者的“圣经”，手册中没有列出一条生物指标或一条功能性磁共振成像诊断标准。如果在 21 世纪初，你抑郁了，产生幻听或感到困扰，唯一的选择是和治疗师谈谈，填写问卷，服用莫名其妙的药物，然而它们会让你的大脑退化，还有无数的副作用。

平心而论，医学领域这种缓慢的进步是不可避免的。从历史上看，当以较低的自由度研究孤立的系统，从而使其复杂性得到控制时，比如研究滚下斜面的弹球、绕着轨道运行的行星、磁场中的单个电子、DNA 的双链时，科学会取得最大的成功。尽管具有生命的系统显然包含大量异质性的组成部分，比如蛋白质、基因或神经细胞，但如何探讨这种复杂性远不是那么明显的。脑科学的一个基本问题始终是，各个组成部分以多种方式在非常广泛的时空范围内相互作用，从纳米到米，从微秒到年。充分了解大脑需要我们对大部分这类相互作用从实验或计算的角度进行探究。这是极其困难的。生物信息学家对如何整合跨越这么多时间、空间尺度的计算一筹莫展，他们缺乏相应的硬件，当时的云计算机还很原始。

研究这个问题存在很多困难已经是显而易见的了，即使今天也没有人知道大脑在抽象和高度简化的层面上是如何工作的。大自然没有提供什么捷径，对大脑的彻底了解不可能来自某个实验，而只能来自将许多层面联系起来的成千上万个实验的整合。人类设计制造出来的系统，比如航天飞机或计算机，它们包含几十亿或几兆个非常不同的组成部分。构建它们的目的是将组成部分之间的相互作用限制到很小的数目。因此，电子线路布局设计的原则是让电线和其他部件之间的距离尽量小，以消除耦合。动力供应与计算分开，而且计算与存储也分开。然而神经系统中的动力供应、计算和存储是相互交错的。大自然让自己复杂到了无以复加的程度。21 世纪初的科学家开始意识到了这种复杂性，但没有准备好且没有能力应对这样的结果。

下一个重大研究变化不会发生在组织方面，而在于技术方面。美国的私人机构艾伦脑科学研究所从生物科技工业中获得了线索。这家研究所最早把神经科学作为“大科学”，从围绕独立自主的“明星”研究者的模式转变为团队模式。在这种模式中，数百位来自分子生物学、解剖学、生理学、基因组学、光学、物理学和信息学的科学家进行合作，共同完成一些工业规模的项目。最早的这类项目开始于 2014 年。这个项目产生了皮层细胞类型完整的本体论，包括树突树的形状、轴突近距离和远距离的目标区，以及它们所表达的基因、电行为、支配皮层细胞连接的规则。其他项目则是大脑观测设备脑病检眼镜的构建，用途是记录、公开、分析和模拟皮层丘脑中的细胞事件，它们是小鼠视觉信息加工的基础。此外，随着中国和印度成为科学世界中重要的影响力量，21世纪20年代出现了许多更大的项目。

从那时起就很引人注目的项目是欧洲的人类大脑工程，它是公共经费资助的项目，项目构建了一系列超级计算机设备，用来模拟从小鼠大脑到人类大脑中神经元及其支持性细胞的生物物理特性，先模拟细胞层面，最终达到亚细胞层面。在早期，形态学、解剖学和生理学知识的结合产生了啮齿类动物皮层柱的电模型，以及一项原理论证，即用充足的计算资源梳理详细的生物学知识，便能让我们搞明白一块大脑物质的电动力学。人类大脑计算机模型的愿景，激发了人们近乎宗教狂热般的想象，大家以为借此可以了解大脑发挥功能的方式，消除大脑疾病，最终实现向大脑中上传内容。当最初的模拟被证明在计算上动力不足且不准确时，这种愿景产生了适得其反的效果，导致21世纪20年代某些时候公众支持的减少。虽然我们对大脑的了解增加了，但公众仍感到失望。

把20世纪英国首相丘吉尔的话换种说法就是，神经科学正处于努力理解大脑与心智的开端的终点。神经科学家还不知道如何将神经生理学的许多层次联系起来，从分子到细胞，再到回路和行为，但他们已经有了足够的认识，这使得其使命非常清晰，而且许多关键的工具已经就位。

现代：2064

如今，通过识别皮层中模块和亚模块的各个层级，我们基本上已经能够驾驭新皮层的多样性和其广大的范围了。现在小学生都知道大脑皮层包含6层，虽然皮层整体的连接情况对任何人来说都是很难理解的，但我们能够成功地模拟实验室生物，比如苍蝇的神经系统，并且能以一定的保真度模拟人类的大脑，尽管有时它们不像最初预期的那么有帮助。

最早被搞清楚的是视网膜的神经组织，因此从输入，即光的模式能够准确地预测出它的输出，即沿着视神经发生的动作电位。视网膜研究之所以领先的原因在于，它相对比较简单，与其他神经物质不同，视网膜中的连接主要是前馈连接，没有从大脑传回视网膜的重要连接。在20世纪末，视网膜的大多数细胞组成便已经被确认。到2020年，解剖学家、生物学家、生物物理学建模者与机器学习专家组成的大科学联盟，实现了对视网膜输入和输出近乎完整的描述。我们能够可靠地预测出24种神经节细胞对任意的视觉刺激会做出怎样的放电反应。这个认识结合先进的光遗传学和可植入的眼睛电子设备，让我们能够有效地治疗黄斑变性、糖尿病视网膜病变和色素性视网膜炎。

类似的技术有助于破译视觉丘脑和早期视皮层区域的编码，就像大脑的洋葱皮被一层层剥开似的。在21世纪20年代中期，科学家完成了关于小鼠如何穿行于迷宫中的完整细胞工作模型，以及大脑中大约1 000种神经元的本体论。几年后，触觉、听觉和嗅觉的工作模型也被破解了。

这些成果给予了大家希望，以为了解小鼠的整个大脑指日可待。似乎很快我们就能以机械学的方式来解释人类在睡觉、做梦、醒来、决定奔跑、记住未来某个日子要去的地点，以及从出生到衰老一生的发展中，大脑发生了什么事情。然而这些希望破碎了。是的，研究者讲述了大量个体的详情，但无法将它们组合成一个合乎逻辑的整体。

对大脑研究的资助减少了，因为研究者无法将这些发现转化为人类的大脑知识以及人类的病理学应用。并不是说每个人都认为人类大脑从根本上不同于小鼠的大脑。当然，两者在大小和可接触性上存在着显著的差异。人类大脑是小鼠大脑重量的1 000多倍，是1.4千克和0.4克的差别，体积上相当于一个木瓜和一块方糖对比，整个大脑的神经元数量则分别是 860 亿个神经元和 7 100 万个神经元，单单新皮层就是 160 亿个神经元和 1 400 万个神经元的对比。更重要的是伦理上的限制：只有在极少见的情况下，研究者才能对活人进行细胞层面的探查，这主要发生在神经外科手术期间。功能性磁共振成像、脑电图、脑磁图等非损伤性的技术只能从外部窥探大脑，却看不到大脑中的基因、蛋白质和细胞类型。虽然稻米或玉米大小的一块人类大脑灰质大体上类似于小鼠的灰质，但两者之间存在许多细微的差别。7 500 万年前，小鼠和智人从共同的祖先开始以不同的方式进化，它们的基因、基因调节机制、蛋白质、突触、神经元和回路在很多细小的方面是不同的。然而，这些细小而难以捉摸的差异让我们很难将有关小鼠的结论推广到人类身上。确实，制药公司较早意识到了这一点，并且在 21 世纪初中止了很多小鼠研究项目。21 世纪 20 年代末，在世界范围内进行的动物权利运动设法停止了几乎所有对非人类灵长动物的大脑损伤性研究。在这之后，神经科学进入了所谓的迷失的 10 年。它的特点是：资金投入少，大家充满了悲观情绪。神经科学真的能减轻老龄人口因大脑疾病而付出的惊人代价吗？它估计占世界国民生产总值的 10%。

黎明之前往往是最黑暗的时刻。人类非常远的亲戚秀丽隐杆线虫，以及人造分子机器和生物分子机器的成功结合帮助神经科学渡过了难关。

当然，从 1986 年两只蠕虫的基因组被测定出来，到形成关于它们神经系统的准确、全面、具有预测性、可检验的模型花费了 35 年时间。大约在 50 年前，诸如科妮莉亚 · 巴格曼（Cornelia Bargmann）和伊芙 · 马德等先驱者已经隐约地意识到了，蠕虫和其他非脊椎动物中的神经调节物质，在不断转换通路和回路上所发挥的作用。但是，由于蠕虫没有动作电位，因此巴格曼和马德的研究成果对脊椎动物的重要性一开始被忽视了。现在我们知道，对所有生物来说，动态回路原则都非常重要。

征服活人的大脑研究终于通过植入神经纳米机器人而实现了。这些对大脑进行成像和操纵的分子机器能够成千上万地、安全地被注入血管中。第一代大脑机器人的设计目的是，抽样并测量它们的局部环境，比如电位、某种神经递质或小分子的浓度，并且能够从外部进行查询。更先进的探查技术能够让我们读取单个神经元的转录标记，监控它们的电活动，阻止或触发峰电位。最近，科学家还实现了控制个体突触的突触释放。通过发送缺失的神经递质或蛋白质，消除错误的神经递质或蛋白质，或者通过触发电活动，这些纳米机器人能够对身体的任一部分进行干预。有些纳米机器人只是暂时发挥作用，有些则发挥着修改病毒的作用，在神经细胞和胶质细胞中永久停留下来，阻止并最终修复退行性疾病，比如阿尔茨海默病或帕金森病所造成的神经损害。到 21 世纪 50 年代中期，几乎所有的医学和神经科学都转移到了纳米机器人的平台上，即使作为 21 世纪初主力的光遗传学最终也被取代了。由于纳米机器人具有高度的空间特异性，因此精心设计的纳米机器人能够非常精确地以大脑中任何地方的个体细胞为目标。

现在我们能够延缓许多曾经很常见的心理疾病的发生，有时还能完全治愈它们。当然，在降低大脑疾病的发病率和死亡率方面，比如肿瘤、创伤性大脑损伤、癫痫、精神分裂症、帕金森病、阿尔茨海默病和其他形式的痴呆症上，取得进步所花费的时间比人们所预期的时间更长。可以拿 1971 年尼克松总统宣布的抗癌之战进行类比，当时美国正因成功登月而全民振奋。在近 50 年后癌症的死亡率才出现了显著下降，而呼吸系统疾病、感染、心血管疾病的死亡率早已下降了。事实证明，降低大脑疾病的影响远比治愈各种癌症困难得多，两者都是高度异质性的疾病，存在极其多样的遗传原因、后生原因和环境原因，但由于大脑包含许多不同的组成部分，因此大脑的复杂性更胜一筹。

大脑机器人疗法非常昂贵。像多数医学程序一样，它具有副作用，仅限用于适当的患者群体。尽管传统主义者和宗教人士反对，但对于相信人类具有无限改善空间的人来说，用纳米机器人提升健康被试的某些能力非常具有吸引力。研究证明，它能提升人体运动的灵活性和速度，改善学习和记忆力，因此会形成提升脑力的黑市。那些付得起钱而且愿意冒短期或长期患病风险和死亡风险的人，有可能成为超人类（trans-human），成为认知精英，在市场和战场上轻松地胜过没有得到大脑功能增强的普通人。

在学术圈里，持续不断的争论涉及越来越多的全脑模拟问题，以及它们在伦理和科学上的意义。首先，50多年前就被提出的这个问题与大脑模拟的层次有关。一些主张自下而上模拟的学者，他们持有极端的生物学沙文主义，认为需要探究每一个粒子通道、突触和动作电位，认为这才是应对大脑回路复杂性的适当做法。而另一些主张自上而下模拟的学者，他们受到用软件复制心智的纯算法方法的激励，因此主张从行为或计算一端开始模拟。

上述两个方面都取得了重大进步，但都没有彻底成功。生物物理学家准确地模拟了蠕虫和苍蝇的神经活动，但在模拟哺乳动物时出现了偏差。当从啮齿类动物的大脑转向猴子、猿类的大脑，最终模拟人类大脑时，实际行为与模拟行为之间的差异就变得更加明显了。因此，这类模拟所产生的口头语言有很多乱码，大多数模拟依然停留在幼儿园水平的任务上。如今我们缺失的是什么？我们是否必须模拟每一个离子通道和每一个神经递质分子？我们必须将大脑作为量子力学系统来对待吗？毕竟大脑像其他物体一样，也是物质实体，同样服从量子力学的铁律。然而，大多数脑科学家假定可以对神经系统这个与环境紧密相关的又热又湿的器官，进行像对其他一般器官一样的粗略估计。

即使被视作典型的模拟系统，大脑的生物物理学模拟速度依然很缓慢，它的运行速度只有真正人类大脑的1%。如今摩尔定律已经不再适用，量子计算被证明在现实世界中只有有限的应用，研究者还不清楚下一个进步将来自哪里。自上而下的建模者虽然领会到了人类认知的一些本质，但缺乏对生物学现实的保真度。除非两种方法能联合起来，否则10年前看似很快就能实现的大脑修复术还将依然虚无缥缈。这个问题再一次源自复杂性。数学家和工程师曾设想存在一种支配整个大脑的算法，但研究证明情况并非如此。确实，似乎大脑回路有多少算法就有多少，这使科学家几乎没有机会找到捷径。

与此同时，在认知方面，我们仍无法解释诸如语言、计划、社会认知和更高层面的推理等过程，尤其是发生在人身上的复杂形式。纳米机器人技术可能最终能弥合我们在大脑知识上的差距，但是现在有关人类特有功能的知识依然落后。我们不知道大脑如何编码句子，只对如何编码词语的意义有一点了解，但对于复杂的概念完全摸不着头脑，像“那种阅读虚构描写的人”。即使联想的神经基础已经被彻底揭示出来，但更高层次认知的神经基础依然是个谜。

从伦理的角度看，随着全尺度的人类大脑模拟越来越接近现实，政治争论也将日益激烈。有些人认为，模拟的啮齿类动物在伦理上等同于真正的动物，并且认为人类大脑的完整模拟应该享有人类的同等权利。有些学者看到了人类大脑初级模拟物所表现出来的情感痛苦。然而，大多数学者认为模拟就是模拟，并不是真的，就像用计算机模拟飞行的空气动力学，它永远不会真的飞起来。政客们回避这个问题，但解决这个问题变得越来越迫在眉睫。用全脑模拟来完成智力工作是否合法，就像用一个真正的人类来完成一样？这是否符合伦理标准？由此产生的收入应该全部归模拟的所有者，还是为模拟贡献自己大脑的人也应该获得许可费？此外，除了计时收费之外，他们是否还应该为最初接受广泛的大脑扫描而收取费用？

最后一个挑战毫无疑问，是物质的大脑如何产生了意识这种主观感受。即使在今天，神经活动与主观感受，大脑与意识之间依然存在解释上的鸿沟。一方属于物理范畴，属于空间、时间范畴，属于能量和质量范畴；另一方属于依然没有被搞明白的体验范畴。分子生物学家带头开始对意识进行研究，神经科学家弗朗西斯·克里克扭转了研究的方向，而认知神经科学家一直在追踪意识与神经元的相关性，但我们始终没有彻底搞明白其中涉及的复杂事物。即使现在我们清楚地知道信息进入意识的动力学，但我们依然不完全知道为什么体验会是那种感觉。人们期望意识这个"难题"最终会被消除，甚至自行消失，就像"什么是生命"这个问题逐渐从人们的视野中消失一样，取而代之的是很多更易于处理的问题，它们与繁殖和新陈代谢的细节有关。当计算机产品的行为开始接近并常常超越人类的能力时，越来越多的人相信意识源自专用的信息形式，它与高度组织化的实体有关，比如大脑或人工智能体，这正是半个世纪前朱利奥·托诺尼（Giulio Tononi）提出的观点。如果笛卡尔在400多年前的著名结论可以被改述为"我有意识，故我在"，那么意识的问题仍然没有完全解决。希望下一个100年我们能够最终解决古老的身心谜题。

最后，我们想感谢《联结》（*Nexus*）的作者拉米兹·纳姆（Ramez Naam），感谢他深思熟虑后的评价与意见。

克里斯托弗·科赫

盖瑞·马库斯

译者后记

翻译完这本书时，我大大地松了一口气。虽然以前也译过一些比较专业的神经科学书籍，但这本书的专业性和涉及面的广泛性依然让我有些小紧张。

它不是由一两位作者完成的，而是20多位世界顶尖神经科学家的智慧结晶，其中包括2014年诺贝尔奖获得者梅-布里特·莫泽和爱德华·莫泽。2005年，他们因发现小鼠内嗅皮层的网格细胞而一举成名，并在2014年被授予了诺贝尔生理学或医学奖。人类大脑中也存在这类细胞，它们的功能类似全球定位系统，能够帮助动物知道自己的方位。另外，研究网格细胞还有助于解释记忆是如何形成的，以及为什么回想往事经常涉及重新构想一个地方。此外，这本书的两位编著者也非等闲之辈，其中一位是盖瑞·马库斯，他是纽约大学心理学及神经科学荣誉教授。他的作品《乱乱脑》（*Kluge*）已经由湛庐引进，翻译成中文并出版。另一位是杰里米·弗里曼，他是霍华德·休斯医学研究所珍利亚研究园区的神经科学家。

书中每位神经科学家研究和探讨的侧重点各不相同，每个侧重点都涉及很多相关的专业知识，为了翻译得尽量准确、地道，我快把谷歌翻烂了，而且查出来并不算完，还需要大致浏览一些内容，消化理解相关的知识。只有自己真正理解了原文，才不至于翻译得太刻板。如果你是神经科学的骨灰级粉丝，那么这应该是你的菜。如果你是神经科学专业人士，那么也许能从这本书中获得灵感，找到方向。

可以坦诚地说，我在这本书的翻译上已经竭尽全力了，但由于专业知识的局限，难免会有瑕疵，还望心明眼亮的读者不吝赐教。最后感谢冯征、张璐、赵丹、徐晓娜、卫学智、张宝君、郑悠然和王彩霞的帮助与支持！

动作电位　一个极快速的事件。由于离子通道的打开和关闭，细胞的膜电位升高或去极化，然后回落超极化。动作电位通常在突触前神经元释放出充足的神经递质时发生，突触前神经元本身引起轴突终末的神经递质释放，这会引发突触后目标的去极化。通过这种方式，动作电位成了神经元之间进行通信的主要手段。

紫红质通道蛋白　一类特殊蛋白质，其作用相当于光学门控离子通道。当暴露在光中时，它们便会打开。这类蛋白质可以在单细胞绿藻中自然地产生，也可以通过基因转染在神经元中被表达。由于离子通道打开会触发去极化，因此紫红质通道蛋白可以被用于通过光来人工刺激神经元。

Cre 重组酶驱动者品种　转基因的实验室小鼠品种，它可以让科学家在特定的发展时间点，在特定的细胞亚群体中调节基因。最受欢迎的技术采用 Cre-LoxP 重组酶系统在各种时空尺度上对细胞打靶，从成年小鼠普遍存在的表达，到只在兴奋性或抑制性皮层细胞特定的亚群体中的表达。通过与 Cre 报告者相结合，这些 Cre 重组酶驱动者品种的小鼠中具有特殊分子的细胞便能够发出荧光，或者能被不同颜色的光线或药物打开或关闭。

细胞结构学 用显微镜对大脑组织的细胞构成和结构进行的研究。

扩散磁振造影 一种基于磁共振成像的技术。能够测量生物组织中水分子的扩散，主要被用于研究大脑中的纤维结构和连接。

纤维束示踪成像 一种三维建模技术，通过大脑中沿着轴突的水的运动来判断神经连接，并将它们呈现出来。

DNA 条形码 任意的 DNA 字母串，被用来识别分子、细胞或其他存在体。

脑电图 通过在头皮上放置许多经过交叉校准的电极来记录电活动的技术。

电泳 利用带电粒子在电场中移动速度不同而达到分离的技术，常被用于识别或量化 RNA、DNA 或蛋白质的片段。

外显子组 DNA 中实际转录到 RNA 中的部分，它大约占人类基因组的 1%。

荧光原位测序 通过使用自动显微镜，在完好的组织切片中读取 DNA 链中字母顺序的过程。

功能性磁共振成像 通过探测血流改变来测量神经元的活动，是将磁共振成像技术用于测量大脑活动的一种应用。

基因表达 DNA 中的信息通过 RNA 被合成为蛋白质的过程。所有已知的生命形式都采用这个过程。

嗜盐菌视紫红质 就像紫红质通道蛋白一样，这些蛋白质也是光学门控离子通道，可以在神经元的细胞膜中进行表达，但它们只传输氯化物。当受到光刺激时，这些通道的打开会引起超极化，这会抑制神经元的反应。结合紫红质通道蛋白，这些通道提供了用光打开和关闭神经活动的一种方法。

组织学 运用各种细胞和组织染色剂以及专家诊断，对细胞和组织的显微解剖结构进行的研究。

免疫显微技术 用特殊的分子识别形式，即来自免疫系统的抗体来标记特定的蛋白质或其他分子，通过原位测序或原位显微技术，用染色剂或 DNA 条形码来显像。

原位杂交技术 一种基因表达探测技术。在保持着空间背景的完好组织中，研究者设计探子并与 RNA 混合，让一个基因成为一个探子。

光片照明显微技术 通常被用于检查活物的一种显微技术。用其中一束激光照亮薄薄的一层组织，产生对比鲜明的图像，这种技术几乎没有来自未被照亮的组织的干扰。

脑磁图 一种功能性神经成像技术，可以测量磁场中大脑活动的改变，以研究人类认知过程和临床中大脑功能的改变。

磁共振成像 一种利用强磁铁的医学成像技术，运用原子核共振的性质来产生细致的身体图像。

微阵列 包含数千个微小的 DNA 或 RNA 序列探针的阵列，通过运用成像技术可以对独立的组织进行遗传检查。

光遗传学 用光来控制神经元的一项技术，见紫红质通道蛋白和盐细菌视紫红质的相关介绍。

正电子发射断层扫描 一种医学成像技术，能够探测由注射到体内的放射性示踪剂发出的伽马射线。正电子发射断层扫描可以产生大脑中功能活动的三维图像。

序列空间 所有可能的 DNA 条形码组成的巨大的抽象集合。

单基因病 单一基因上的变异造成的疾病。

双光子显微镜技术 一种荧光成像技术，可以对活的组织进行深度大约 1 毫米的高分辨率成像。

未来，属于终身学习者

我这辈子遇到的聪明人（来自各行各业的聪明人）没有不每天阅读的——没有，一个都没有。巴菲特读书之多，我读书之多，可能会让你感到吃惊。孩子们都笑话我。他们觉得我是一本长了两条腿的书。

———查理·芒格

互联网改变了信息连接的方式；指数型技术在迅速颠覆着现有的商业世界；人工智能已经开始抢占人类的工作岗位……

未来，到底需要什么样的人才？

改变命运唯一的策略是你要变成终身学习者。未来世界将不再需要单一的技能型人才，而是需要具备完善的知识结构、极强逻辑思考力和高感知力的复合型人才。优秀的人往往通过阅读建立足够强大的抽象思维能力，获得异于众人的思考和整合能力。未来，将属于终身学习者！而阅读必定和终身学习形影不离。

很多人读书，追求的是干货，寻求的是立刻行之有效的解决方案。其实这是一种留在舒适区的阅读方法。在这个充满不确定性的年代，答案不会简单地出现在书里，因为生活根本就没有标准确切的答案，你也不能期望过去的经验能解决未来的问题。

而真正的阅读，应该在书中与智者同行思考，借他们的视角看到世界的多元性，提出比答案更重要的好问题，在不确定的时代中领先起跑。

湛庐阅读App：与最聪明的人共同进化

有人常常把成本支出的焦点放在书价上，把读完一本书当作阅读的终结。其实不然。

时间是读者付出的最大阅读成本

怎么读是读者面临的最大阅读障碍

“读书破万卷”不仅仅在“万”，更重要的是在“破”！

现在，我们构建了全新的“湛庐阅读”App。它将成为你“破万卷”的新居所。在这里：

- 不用考虑读什么，你可以便捷找到纸书、电子书、有声书和各种声音产品；
- 你可以学会怎么读，你将发现集泛读、通读、精读于一体的阅读解决方案；
- 你会与作者、译者、专家、推荐人和阅读教练相遇，他们是优质思想的发源地；
- 你会与优秀的读者和终身学习者为伍，他们对阅读和学习有着持久的热情和源源不绝的内驱力。

从单一到复合，从知道到精通，从理解到创造，湛庐希望建立一个“与最聪明的人共同进化”的社区，成为人类先进思想交汇的聚集地，与你共同迎接未来。

与此同时，我们希望能够重新定义你的学习场景，让你随时随地收获有内容、有价值的思想，通过阅读实现终身学习。这是我们的使命和价值。

CHEERS

本书阅读资料包

给你便捷、高效、全面的阅读体验

本书参考资料

湛庐独家策划

- **参考文献**
  为了环保、节约纸张，部分图书的参考文献以电子版方式提供
- **主题书单**
  编辑精心推荐的延伸阅读书单，助你开启主题式阅读
- **图片资料**
  提供部分图片的高清彩色原版大图，方便保存和分享

相关阅读服务

终身学习者必备

- **电子书**
  便捷、高效，方便检索，易于携带，随时更新
- **有声书**
  保护视力，随时随地，有温度、有情感地听本书
- **精读班**
  2~4周，最懂这本书的人带你读完、读懂、读透这本好书
- **课　程**
  课程权威专家给你开书单，带你快速浏览一个领域的知识概貌
- **讲　书**
  30分钟，大咖给你讲本书，让你挑书不费劲

湛庐编辑为你独家呈现
助你更好获得书里和书外的思想和智慧，请扫码查收！

（阅读资料包的内容因书而异，最终以湛庐阅读App页面为准）

图书在版编目（CIP）数据

哪些神经科学新发现即将改变世界 / (美) 盖瑞 · 马库斯 (Gary Marcus) 编著；(美) 杰里米 · 弗里曼 (Jeremy Freeman) 编著；黄珏苹译 . -- 成都：四川科学技术出版社，2021.7

书名原文 : THE FUTURE OF THE BRAIN

ISBN 978-7-5727-0161-0

Ⅰ. ①哪… Ⅱ. ①盖… ②杰… ③黄… Ⅲ. ①神经科学—研究 Ⅳ. ①Q189

中国版本图书馆CIP数据核字（2021）第129948号

著作权合同登记图进字21-2021-201号

哪些神经科学新发现即将改变世界

NAXIE SHENJING KEXUE XIN FAXIAN JIJIANG GAIBIAN SHIJIE

出 品 人　程佳月
编 著 者　[美]盖瑞 · 马库斯　杰里米 · 弗里曼
译　　者　黄珏苹
责任编辑　王双叶
助理编辑　林佳馥
封面设计　ablackcover.com
责任出版　欧晓春
出版发行　四川科学技术出版社
　　　　　成都市槐树街2号　邮政编码610031
　　　　　官方微博：http://e.weibo.com/sckjcbs
　　　　　官方微信公众号：sckjcbs
　　　　　传真：028-87734035
成品尺寸　170mm × 230mm
印　　张　17.5
字　　数　259千
插　　页　8
印　　刷　石家庄继文印刷有限公司
版　　次　2021年7月第1版
印　　次　2021年7月第1次印刷
定　　价　89.90元

ISBN 978-7-5727-0161-0